高等学校计算机基础教育规划教材

Access数据库程序设计实验指导

戚晓明 姚保峰 周会平 等 编著

清华大学出版社

北京

内 容 简 介

本书是《Access 数据库程序设计》的配套教材，全书内容共分为三部分，包括上机实验指导、各章习题参考答案和国家计算机二级考试 Access 样卷与参考答案。本书具有与教材内容相对应的 12 个实验，每一个实验都是根据教学目标而设计的。每个实验由"实验目的"、"实验内容"、"实验步骤"和"思考与练习"四部分构成，其中"实验步骤"部分详细地介绍了实验的具体操作过程并给出了实验结果。

本实验指导全面配合教材及全国计算机等级考试大纲，实例丰富，体系清晰，通过这些实验和模拟题可使学生对 Access 的理解及应用能力得到较大幅度的提高。本书除作为面向高等院校的《Access 数据库程序设计》教材的配套用书外，也可作为全国计算机等级考试考生的培训辅导书，还可作为广大 Access 爱好者的学习参考书。

图书在版编目（CIP）数据

Access 数据库程序设计实验指导 / 戚晓明等编著. -- 北京 ：清华大学出版社，2011.2
（高等学校计算机基础教育规划教材）
ISBN 978-7-302-24643-5

Ⅰ. ①A… Ⅱ. ①戚… Ⅲ. ①关系数据库－数据库管理系统，Access－程序设计－高等学校－教学参考资料　Ⅳ. ①TP311.138

中国版本图书馆 CIP 数据核字（2011）第 014747 号

责任编辑：袁勤勇　王冰飞
责任校对：徐俊伟
责任印制：王秀菊

出版发行：清华大学出版社　　　　　　　　　　　地　　址：北京清华大学学研大厦 A 座
　　　　　http://www.tup.com.cn　　　　　　　　邮　　编：100084
　　　　　社　总　机：010-62770175　　　　　　邮　　购：010-62786544
　　　　　投稿与读者服务：010-62795954，jsjjc@tup.tsinghua.edu.cn
　　　　　质 量 反 馈：010-62772015，zhiliang@tup.tsinghua.edu.cn
印 装 者：北京密云胶印厂
经　　销：全国新华书店
开　　本：185×260　　　印　张：9.5　　　字　　数：238 千字
版　　次：2011 年 2 月第 1 版　　　印　　次：2011 年 2 月第 1 次印刷
印　　数：1～3000
定　　价：19.00 元

产品编号：041038-01

前言

Microsoft Access 是 Microsoft 公司的 Office 办公自动化软件的组成部分,是应用广泛的关系型数据库管理系统之一,既可以用于小型数据库系统开发,又可以作为大中型数据库应用系统的辅助数据库或组成部分。在计算机等级、全国计算机应用证书考试等多种计算机知识考试中都有 Access 数据库应用技术。

本书是与作者编写的教材《Access 数据库程序设计》一书相配套的辅助教材,用以加强理论课和实验课的教学,提高学生实际的应用能力。本书通过理论与实践教学,使学生掌握关系型数据库的基本操作,理解关系型数据库的有关概念,具备一定的数据库结构设计的能力,并能综合运用所学知识,进行小型数据库应用系统的开发工作。本书共分三部分:

第一部分是实验指导。Access 数据库程序设计实验是 Access 数据库程序设计课程的重要组成部分,属于学科基础实验范畴,是与相关教学内容配合的实践性教学环节。学生通过实验,验证课堂学习的知识,掌握数据库、数据表建立、查询、窗体、报表、宏以及数据访问页的方法,从而具有小型数据库管理系统的设计能力。其中每一个实验都根据教学目标而设计,详细介绍了实验的操作过程并给出了实验结果,特别是这些实验若能顺利完成,可使学生对 Access 数据库应用系统的开发有一个完整的概念,从而更好地掌握数据库应用系统开发的基本技能。

第二部分是国家计算机等级考试二级模拟试卷。模拟试卷紧扣全国计算机等级考试大纲,并在深入研究等级考试真题的基础上编写而成,适用于参加考试的人员考前训练使用。

第三部分是《Access 数据库程序设计》教材课后习题参考答案。

本书是多人智慧的集成,除封面署名的作者外,参与资料整理和制作的人员还有马程、蔡绍峰、刘娟、邹青青、朱洪浩、沈志兴、王祎、唐玄和顾珺等。在本书的编写过程中,郭有强教授给予了很多指导,在此表示感谢。

由于作者水平有限,加之创作时间仓促,书中难免有疏漏和不足之处,欢迎广大读者批评指正。如果您在学习中发现任何问题,或者有更好的建议,欢迎致函,作者 E-mail:qixiaoming888@sina.com。

编 者

2010 年 11 月

目录

实验 1

Access 操作环境

【实验目的】

1. 学会安装 Access 2003 应用程序。
2. 掌握 Access 2003 应用程序的启动及退出。
3. 熟悉 Access 2003 的操作环境,了解自定义工具栏的方法。
4. 掌握保存数据库默认位置的设置。

【实验内容】

1. 在 Windows 操作系统下独立安装 Access 2003 应用程序。
2. 至少用两种以上不同的方法启动和退出 Access 2003 应用程序。
3. 熟悉 Access 2003 的程序窗口、数据库窗口及任务窗格。
4. 根据个人需要设置"专用工具栏"。
5. 在 D 盘创建 Access 文件夹,并设置保存数据库的默认位置为"D:\Access"。

【实验步骤】

1. Access 2003 的安装

Access 2003 的安装与 Office 2003 其他组件的安装基本相同,具体操作步骤如下:

(1) 将 Office 2003 安装光盘放入光驱,安装程序会自动运行(如果自动播放功能被关闭,也可进入安装光盘目录,双击"Setup.exe"文件名运行)。

(2) 进入"产品密钥"窗口,正确输入安装密钥后,单击"下一步"按钮。

(3) 进入"用户信息"窗口,输入信息后,单击"下一步"按钮。

(4) 在"最终用户许可协议"窗口中,选中"我接受《许可协议》中的条款"单选项,单击"下一步"按钮。

(5) 如果第一次使用 Office,选择"典型安装";如果对安装组件有一定的选择,可选择"自定义安装";同时可以设置 Office 的安装路径。选择"自定义安装",单击"下一步"

按钮,如图 1-1 所示。

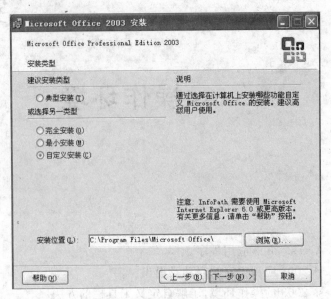

图 1-1　设置安装类型及路径

（6）进入"自定义安装"窗口,选择要安装的组件,这里 Access 项必须选中（平常使用最多的是 Word、Excel、PowerPoint 和 Access,以后可根据需要启动 Office 修复程序再安装）,单击"下一步"按钮,如图 1-2 所示。

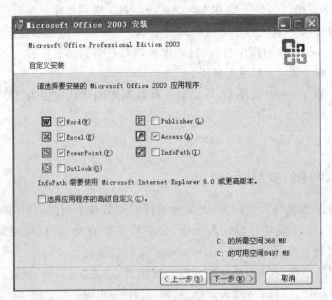

图 1-2　选择安装的 Office 组件

（7）单击"安装"按钮,开始安装已选择的 Office 组件,如图 1-3 所示。

（8）几分钟后完成安装,出现"安装已完成"窗口,如图 1-4 所示,单击"完成"按钮,完成 Access 2003 的安装。

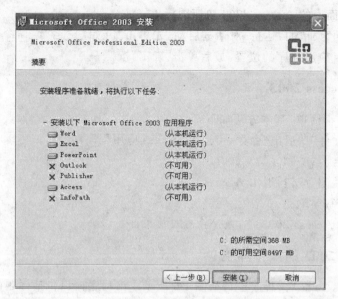

图 1-3 确定安装

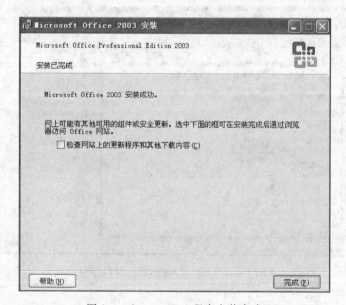

图 1-4 Access 2003 程序安装完成

2. 启动 Access 2003

　　Access 2003 的启动与一般的 Windows 应用程序启动的方法完全相同,基本方法有以下 3 种:

　　(1) 从"开始"菜单的"程序"子菜单启动。选择"开始"|"程序"|Microsoft Office|Microsoft office Access 2003 命令,启动 Access 2003 应用程序窗口。

（2）双击桌面上的 Access 2003 快捷图标。

（3）从"开始"菜单的"运行"对话框启动,先单击"开始"|"运行"命令,再单击"浏览"按钮指定 Access 应用程序的位置,最后单击"确定"按钮。

3．退出 Access 2003

退出的方法很简单,基本方法如下:

（1）选择"文件"|"退出"命令,可退出 Access 应用程序。

（2）按组合键 Alt+F4。

（3）单击"关闭"按钮,退出 Access。

（4）双击控制菜单。

提示:退出 Access 2003 前,先保存好当前文件。

4．Access 2003 的操作环境

启动 Access 2003 后,程序窗口如图 1-5 所示。该程序窗口包括标题栏、菜单栏、工具栏、数据库窗口、任务窗格和状态栏等,与其他 Windows 应用程序的窗口大体相同。

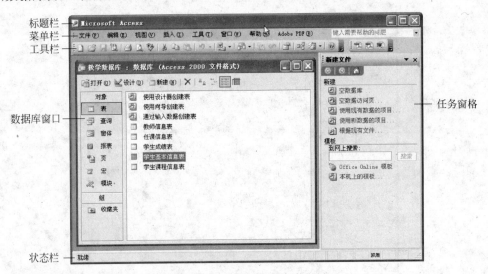

图 1-5　Access 2003 的程序窗口界面

1）标题栏

标题栏是显示程序名称的地方,在标题栏右侧有"最小化"、"最大化|还原"、"关闭"3个按钮,可以实现对整个窗口进行缩小、放大(恢复)和关闭操作。

2）菜单栏

菜单栏上有"文件"、"编辑"、"视图"、"插入"、"工具"、"窗口"、"帮助"7 个菜单项。单击任意一个菜单项,就可以打开相应的菜单,再通过单击这些菜单中的命令,可以实现 Access 提供的数据库的某个功能。

"文件":主要功能是新建、打开、保存、关闭、打印以及备份数据库文件等。

"编辑":主要功能是复制、粘贴、撤销、重做,以及添加数据库对象组或添加对象到指

定的组中等。

"视图"：主要功能是控制"数据库窗口"对象的排列方式、属性、相关性，以及控制任务窗格和工具栏。

"插入"：主要功能是新建数据库对象，如表、查询、窗体、报表、页、宏、模块、类模块，还可以插入特殊符号及对表和选择查询建立自动窗体和自动报表等。

"工具"：主要功能是提供各种数据库工具，包括数据库的关系、分析、数据库实用工具、安全、宏操作、启动选项、Access 系统选项、控件加载等。

"窗口"：主要功能是控制窗口的显示特性。

"帮助"：主要功能是提供 Access 2003 的帮助信息。

3）工具栏

工具栏中有很多工具图标，每个图标都对应着不同的功能。这些功能都可以通过执行菜单中的相应命令来实现，但比使用常用命令更加快速简便。

根据当前使用的数据库对象的不同，工具栏也有所不同。在见图 1-5 所示的窗口中显示的是默认"数据库"工具栏，包括以下一些最常见的工具图标：

"新建数据库" ：新建一个数据库。

"打开" ：显示"打开"对话框，在 Access 中打开各种文件。

"保存" ：保存对对象所作的修改。

"打印" ：使用当前的打印设置打印选定的数据库对象。

"打印预览" ：在"预览"视图中打开当前选定的数据库对象。

"拼写检查" ：检查拼写和语法。

"剪切" ：将当前选定的对象移动到剪贴板。

"复制" ：将当前选定的对象复制到剪贴板。

"粘贴" ：从剪贴板上复制对象，并插入到当前位置。

"Office 链接" ：单击右侧的下三角图标可打开以下命令："用 Microsoft Office Word 合并"、"用 Microsoft Office Word 发布"和"用 Microsoft Office Excel 分析"。

"分析" ：单击右侧的下三角图标可打开以下命令："分析表"、"分析性能"和"文档管理器"。

"代码" ：在"Microsoft Visual Basic"编辑器中打开模块对象。

"属性" ：打开当前选定对象的属性表窗口。

"关系" ：打开"关系"视图。

"新对象" ：单击右侧的下三角图标可打开以下命令："自动窗体"和"自动报表"，以及用于新建数据库对象的命令：表、查询、窗体、报表、页、宏、模块和类模块。

"帮助" ：显示 Access 2003 的联机帮助。

4）数据库窗口

数据库窗口包括当前处理的数据库中的全部内容，可以在这里创建和使用 Access 数据库或 Access 项目中的任何对象。当用户新建、打开一个数据库或项目时，都会打开"数据库窗口"，如图 1-6 所示。数据库窗口包括标题栏、工具栏、对象栏、对象列表框和组栏。

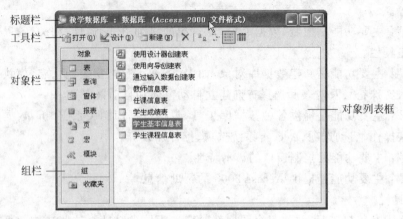

图 1-6   数据库窗口

"标题栏"：显示当前打开的数据库文件名。

"工具栏"：管理数据库对象，包括新建、打开和设计数据库对象，也可通过 Access 工具栏上相应的图标改变对象的显示方式。

"对象栏"：位于数据库窗口左侧，包含 Access 数据库的 7 类基本对象。单击某个对象时，在"对象列表框"中会显示出数据库已建立的该类所有对象的列表。

"对象列表框"：显示当前打开数据库中已创建的某类对象的所有列表。

"组栏"：将不同类型的对象放到一个组中。组由属于数据库对象的快捷方式组成，在组中添加对象并不改变该对象原始的位置。

5）任务窗格

任务窗格是 Access 2003 应用程序中提供常用命令的窗口。下面列举一些最常用的任务窗格。这些窗格可以通过单击窗格右侧的下三角图标进行切换。

"新建文件"：汇集了一些常用命令，如图 1-7 所示。使用任务窗格，可以更加方便快捷地使用 Access 2003。

"剪贴板"：显示在 Office 剪贴板中的内容，如图 1-8 所示，可以将这些内容粘贴到需要的地方，还可以对剪贴板进行管理，在剪贴板中最多可容纳 24 个对象。

图 1-7   "新建文件"任务窗格

图 1-8   "剪贴板"任务窗格

"基本文件搜索"：对指定的文本进行搜索。搜索时先在搜索文本框输入要搜索的文本，然后为该搜索指定一定的范围和搜索文件类型等，最后单击"搜索"按钮，如图 1-9 所示。

显示任务窗格的基本方法有以下 4 种：

(1) 选择"视图"|"工具栏"|"任务窗格"命令，显示任务窗格。

(2) 选择"视图"|"任务窗格"命令。

(3) 打开任一数据库，选择"工具"|"选项"命令，弹出"选项"对话框，如图 1-10 所示，选择"视图"选项卡，选中"启动任务窗格"复选框，单击"确定"按钮。设置完成后，退出 Access 2003 程序再重新启动，Access 2003 程序窗口便自动显示"任务窗格"。

(4) 选择"文件"|"新建"命令或单击工具栏中的"新建"图标，显示"新建文件"任务窗格；选择"编辑"|"Office 剪贴板"命令，选择"剪贴板"任务窗格；选择"文件"|"搜索"命令，显示"基本文件搜索"任务窗格。

图 1-9　"基本文件搜索"任务窗格

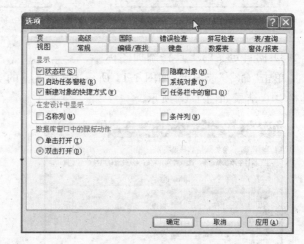

图 1-10　"选项"对话框

6）状态栏

状态栏位于 Access 窗口的最下方，用于显示当前操作的相关信息及 CapsLock 键和 NumLock 键的当前状态。

5. 自定义工具栏

Access 允许用户自定义菜单和工具栏以方便用户的使用，也可根据用户的习惯自定义工作环境。

1）激活"自定义"对话框

选择"视图"|"工具栏"|"自定义"命令，弹出"自定义"对话框，如图 1-11 所示。

2）为自定义工具栏命名

单击"工具栏"选项卡，再单击"新建"按

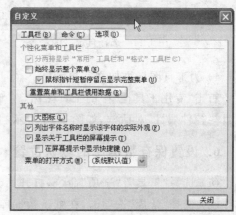

图 1-11　"自定义"对话框

钮,弹出"新建工具栏"文本框,如图 1-12 所示,在"工具栏名称"中输入"专用工具栏"后,单击"确定"按钮,在出现的"自定义"对话框中多了一个"专用工具栏",如图 1-13 所示。

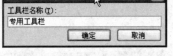

图 1-12 输入工具栏名称   图 1-13 新建"专用工具栏"

3)向自定义的工具栏添加图标

单击"命令"选项卡,如图 1-14 所示,选择想要的类别和命令,用鼠标拖曳到"专用工具栏"中,结果如图 1-15 所示。

图 1-14 选择自定义的命令   图 1-15 自定义的"专用工具栏"

4)为工具图标添加文字提示

右击"专用工具栏"中的工具图标,在弹出的快捷菜单中,选择"属性"命令,出现"专用工具栏控件属性"对话框,如图 1-16 所示。

6. 设置保存数据库的默认位置

(1)选择"工具"|"选项"命令,打开 Access 的"选项"对话框。

(2)选择"常规"选项卡,在默认数据库文件夹文本框中输入保存创建数据库的位置。例如,输入保存路径 D:\Access,其中 Access 为已在 D 盘上创建的文件夹名,如图 1-17

所示。

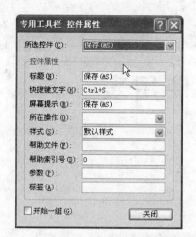

图 1-16 "专用工具栏控件属性"对话框

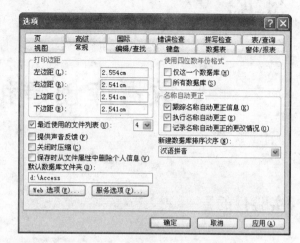

图 1-17 设置默认数据库文件夹

（3）设置完成后，单击"确定"按钮，此时 Access 系统将在当前设置下工作。

【思考与练习】

1. 利用任意一种方法启动 Access 2003，熟悉其程序窗口、数据库窗口及任务窗格。
2. Access 2003 数据库的对象包括哪几种？

实验 2

数据库创建和使用表

【实验目的】

1. 认识 Access 2003 的数据库管理系统,熟悉它们的使用界面。
2. 掌握建立 Access 数据库和数据表的基本过程与操作步骤。
3. 掌握字段属性的设置方法;掌握记录的输入方法。
4. 掌握建立数据表之间联系的方法。

【实验内容】

1. 使用向导创建数据库。
2. 使用新建命令创建数据库。
3. 分析表结构,在"设计视图"中创建数据表。
4. 建立表之间的关系。

【实验步骤】

1. 使用向导创建数据库

【例题 2-1】 利用向导来创建"学生信息管理"数据库。

(1) 启动 Access 2003,选择"文件"菜单中的"新建"选项,或单击工具栏上的新建图标,便可打开新建文件窗口,如图 2-1 所示。

(2) 在图 2-1 中单击"本机上的模板…",则弹出"模板"窗口,如图 2-2 所示。在模板窗口中选择"数据库"选项卡,并选择某一个模板。

(3) 然后单击"确定"按钮,出现"文件新建数据库"窗口,如图 2-3 所示。通过"保存位置"选择文件保存路径,并可在"文件名"处输入文件名。

(4) 单击"创建"按钮启动数据库向导,如图 2-4 所示,数据库向导提供了可以建立的表。

(5) 单击"下一步"按钮,进入如图 2-5 所示的窗口,在此可以选择数据库中所需要的表,确定表中的字段。

图 2-1 新建 Access 界面

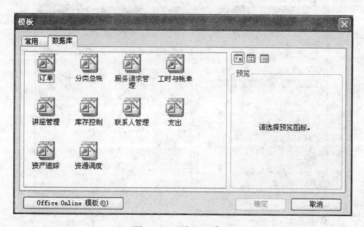

图 2-2 "模板"窗口

图 2-3 文件命名对话框

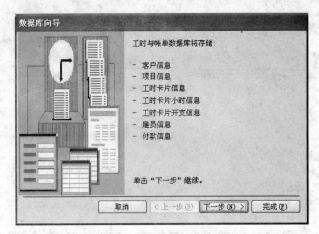

图 2-4　数据库中建立的表

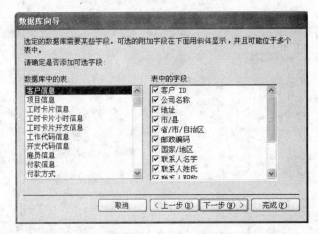

图 2-5　数据库中表中字段的选择

（6）单击"下一步"按钮，进入如图 2-6 所示的窗口，选择屏幕的显示样式。

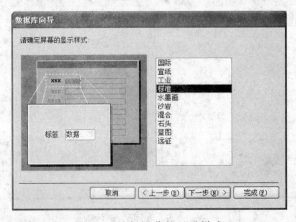

图 2-6　选择屏幕的显示样式

（7）单击"下一步"按钮，进入如图2-7所示的窗口，选择打印报表的样式。

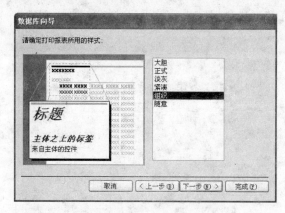

图 2-7　选择打印报表的样式

（8）单击"下一步"按钮，进入如图2-8所示的窗口，修改数据库的标题，并可以选择是否包含一幅图片。

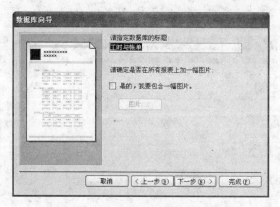

图 2-8　确定数据库的标题

（9）如果想在报表上加一幅图片，可以选中"是的，我要包含一幅图片。"复选框，再单击"图片"按钮，如图2-9所示，选择一幅图片，即可在所有报表上加入这幅图片。

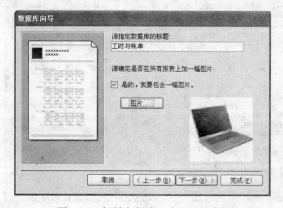

图 2-9　在所有报表上加一幅图片

（10）单击"下一步"按钮，进入如图 2-10 所示的窗口，至此，由向导创建数据库的工作已完成，并可选择在数据库创建完成后是否启动该数据库。

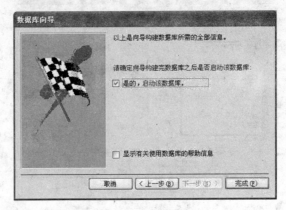

图 2-10　完成数据库的建立

（11）单击"完成"按钮，开始创建数据库对象，包括表、查询、窗体和报表等。

（12）完成数据库建立的所有工作之后，在图 2-11 中输入公司信息。

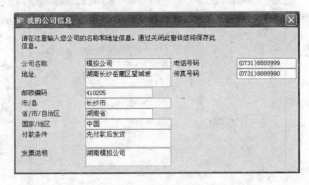

图 2-11　填写公司信息

切换到数据库启动的主控页面，如图 2-12 所示。使用数据库向导创建数据库后的表对象情况如图 2-13 所示。

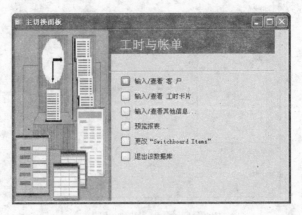

图 2-12　主控页面

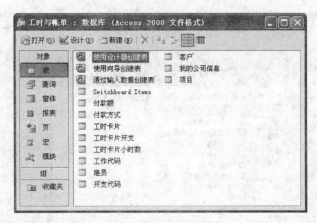

图 2-13　数据库建立之后表对象

通过模板建立数据库虽然简单,但是有时候它根本满足不了实际的需要。一般来说,对数据库有了进一步了解之后,我们就不再用向导创建数据库了。高级用户很少使用向导。

2. 使用新建命令创建数据库

【例题 2-2】　创建一个空的"教学数据库"。

(1) 打开 Access,选择"文件"菜单中的"新建"命令,如图 2-14 所示。在"新建文件"的"新建"窗格中选择"空数据库",系统会弹出如图 2-15 所示的"文件新建数据库"窗口。

图 2-14　新建窗口

图 2-15　"文件新建数据库"窗口

(2) 选择合适的路径,并输入数据库文件名"教学数据库",单击"创建"按钮,即建立了一个名为"教学数据库"的空数据库。如图 2-16 所示,在新建的空数据库中没有任何数据库对象,这是一个空的数据库,可以根据需要往数据库中添加其他数据库对象。

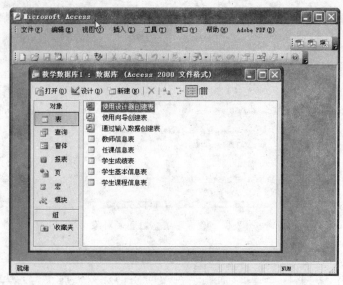

图 2-16 教学数据库

3. 分析表结构

创建用于管理学生的数据库,数据库名为"教学数据库",包含"教师任课信息表"、"学生基本信息表"、"教师基本信息表"、"学生成绩表"和"学生课程信息表"。为了便于读者对后面内容的理解,将这几个表的结构集中给出,如表 2-1 至表 2-5 所示。

表 2-1　"教师任课信息表"结构

字段名	类型	字段大小	说明	字段名	类型	字段大小	说明
序号	自动编号	长整型	主键	职工号	文本	10	
课程号	文本	3					

表 2-2　"学生基本信息表"结构

字 段 名	类型	字段大小	说明
学号	文本	10	
姓名	文本	8	
系别	文本	10	
性别	文本	1	
出生日期	日期/时间	8	
出生地点	文本	20	
入学日期	日期/时间	8	
政治面貌	文本	10	
爱好	备注		
照片	OLE 对象		

表 2-3　"教师基本信息表"结构

字 段 名	类型	字段大小	说明
职工号	文本	10	主键
系别	文本	10	
姓名	文本	8	
性别	文本	1	
参加工作时间	日期/时间	8	
职称	文本	10	
学位	文本	10	
政治面貌	文本	10	
联系电话	文本	15	
婚姻状况	是/否	1	

表 2-4 “学生成绩表”结构

字段名	类型	字段大小	说明
序号	自动编号	长整型	主键
学号	文本	6	
课程号	文本	3	
成绩	数字	单精度型	

表 2-5 “学生课程信息表”结构

字 段 名	类型	字段大小	说明
课程号	文本	3	主键
课程名称	文本	20	
课程类型	文本	8	
学时	数字	整型	

4. 在“设计视图”中创建数据表

表的设计视图是一个功能强大的工具，它是唯一可用来对表的结构进行修改的工具，利用它不仅可以修改表的结构，还可以自行设计表。

【例题 2-3】 用“设计器”为“教学数据库”创建一个如图 2-17 所示的“学生课程信息表”。

学生课程信息表 : 表

课程号	课程名称	课程类别	学时
101	毛泽东思想概论	选修课	24
102	马克思主义政治经济学原理	选修课	54
104	高等数学	必修课	100
105	高级语言程序设计	必修课	52
107	数据结构导论	选修课	54
108	工程经济	必修课	50
109	概率论与数理统计	必修课	40
110	模拟电路与数字电路	选修课	72
111	计算机组成原理	必修课	64
112	汇编语言程序设计	必修课	72
113	离散数学	选修课	82
114	计算机系统结构	必修课	74
115	面向对象程序设计	选修课	64
116	软件工程	选修课	36
117	数据库原理	选修课	54

记录: 1 共有记录数: 41

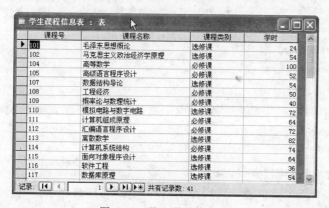

图 2-17 学生课程信息表

(1) 打开例题 2-2 中创建的“教学数据库”，见图 2-16 所示。

(2) 在对象栏中单击“表”，双击“使用设计器创建表”，即弹出表设计视图；也可以单击工具栏中的“新建”按钮，在“新建表”对话框中选择“设计视图”列表项，然后单击“确定”按钮，如图 2-18 所示，屏幕上也会弹出表的设计视图。

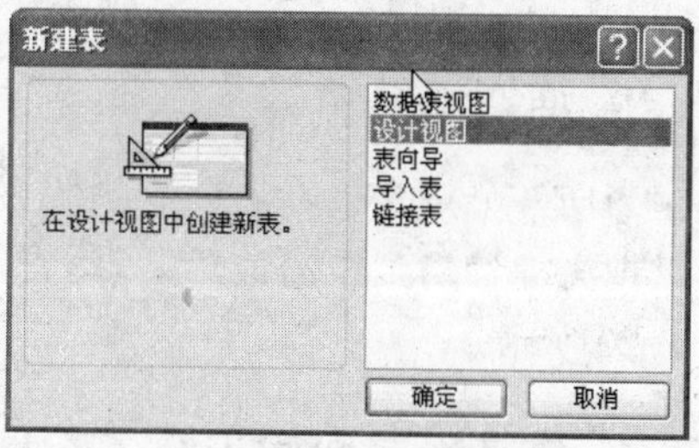

图 2-18 表的设计视图

5. 设置字段属性

1) 设置默认值

将“学生课程信息表”数据表中的“课程类别”字段的“默认值”设置为“必修课”。

操作步骤如下：

(1) 打开“教学数据库”窗口，单击“表”对象。

(2) 单击“学生课程信息表”，然后单击“设计”按钮，屏幕显示出“设计视图”。

(3) 在“设计视图”中，单击“课程类别”字段，这时在“字段属性”区中显示了该字段的所有属性。

（4）在"默认值"属性框中输入"必修课"，如图 2-19 所示。

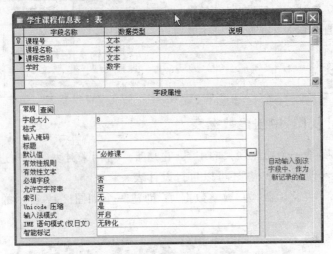

图 2-19　默认值的设定

（5）保存"学生课程信息表"。

2）设置字段有效性

在"学生基本信息表"中的"性别"字段中将有效性规则设置为只能在该字段中输入"男"或"女"，如果输入其他值，则提示输入数据不正常。

操作步骤如下：

（1）打开"教学数据库"窗口，单击"表"对象。

（2）单击"学生课程信息表"，然后单击"设计"按钮，屏幕显示出"设计视图"。

（3）在"设计视图"中，单击"性别"字段，在"字段属性"中选择"有效性规则"编辑框，在其中输入"男"或"女"。

（4）在"有效性文本"编辑框中输入"您输入的内容有误"。

6. 插入新数据

当向一个空表或者向已有数据的表增加新的数据时，都要使用插入新记录的功能。可以把光标移动到表的最后一行，直接输入新数据；也可以在记录中插入一个新记录，如图 2-20 所示。

7. 建立表之间的关系

【例 2-4】　对教学数据库中的表进行创建连接关系。

（1）单击数据库窗口工具栏上的"关系"按钮，或者选择"工具"|"关系"命令，打开"关系"窗口。在"关系"窗口右击鼠标，选择"显示表"命令，弹出"显示表"窗口，如图 2-21 所示。

（2）将表添加到设计窗口中，如图 2-22 所示。拖放一个表的主键到对应的表的相应字段上。根据要求重复此步骤。

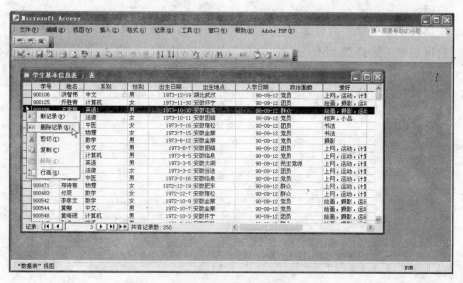

图 2-20　插入新记录

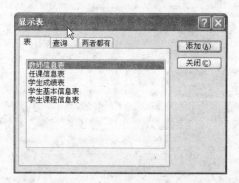

图 2-21　"显示表"窗口

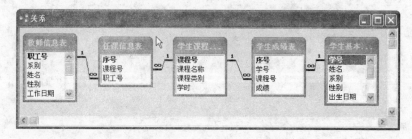

图 2-22　"关系"对话框

【思考与练习】

1. Access 数据库主要由哪些对象组成？

2. 如何设计一张表？

3. 数据表中主关键字有什么特点？如何在一张数据表中确定出主关键字？

4. 数据表中的数据类型有 10 种，试向"OLE 对象"字段和"超级链接"字段中插入数据。

5. 字段属性还有格式、输入掩码等属性，练习设置字段的这些属性。

实验 3

选 择 查 询

【实验目的】

1. 掌握创建各种查询的基本方法。
2. 理解选择查询、交叉表查询和参数查询的区别及用途。
3. 掌握查询准则的构建方法。
4. 掌握通过查询浏览、检索、整理数据的方法。

【实验内容】

1. 创建选择查询,查询所有成绩低于 60 分的学生信息,查询结果中显示"系别"、"学号"、"姓名"、"课程名称"和"成绩"5 个字段。

2. 创建总计查询,统计出生地是安徽的学生的总人数,查询结果显示"安徽籍人数"。

3. 创建分组总计查询,查询各党派学生人数,查询结果显示"政治面貌"和"人数"。

4. 创建交叉表查询,统计每门课程各系不及格的学生人数。

5. 创建单参数查询,查询运行时,通过输入课程号或课程名称查询该门课程的学生成绩,查询结果显示"课程名称"、"学号"、"姓名"和"成绩"4 个字段。

6. 创建多参数查询,查询运行时,通过输入系别和职称,显示该系具有相应职称的教师情况,查询结果显示"系别"、"职称"、"姓名"、"学位"和"联系电话"5 个字段。

【实验步骤】

1. 选择查询

(1) 打开数据库,在"数据库"窗口中选择"查询",双击右侧列表的"在设计视图中创建查询",打开查询设计视图和"显示表"对话框,如图 3-1 所示。

(2) 在"显示表"对话框中依次将学生基本信息表、学生成绩表和学生课程信息表添加到查询设计视图中,如图 3-2 所示。

(3) 依次双击"系别"、"学号"、"姓名"、"课程名称"和"成绩"字段,将其添加到设计视图的"字段"栏,并在"成绩"字段的"条件"栏输入"＜60",如图 3-3 所示。

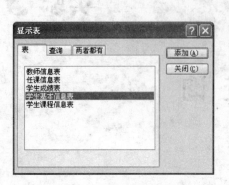

图 3-1 "显示表"对话框

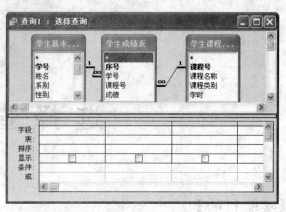

图 3-2 设计视图

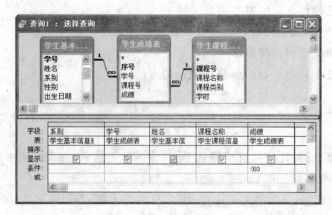

图 3-3 选择查询

2. 查询字段及准则

（1）在菜单栏中选择"视图"菜单的"数据表视图"命令，查看查询结果，如图 3-4 所示。

（2）如果查询结果不满足要求，则选择"视图"菜单的"设计视图"命令，返回设计视图修改查询。如果结果满足要求，则单击工具栏的"保存"按钮，弹出"另存为"对话框，在"查询名称"对话框中输入查询名"不及格学生名单查询"，如图 3-5 所示，然后单击"确定"按钮。

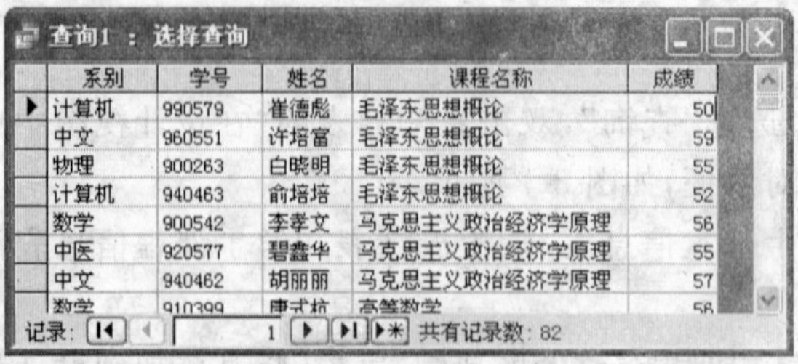

图 3-4 选择查询结果

图 3-5 "另存为"对话框

（3）关闭查询设计视图，可以通过双击"查询"列表的"不及格学生名单查询"运行查询。

3. 总计查询

（1）打开设计视图，并将学生基本信息表添加到设计视图中，双击"出生地点"和"学号"字段，将其分别添加到"字段"栏。

（2）选择"视图"菜单的"总计"命令，设计视图的"表"和"排序"栏之间添加了一个"总计"栏，并将"出生地点"和"学号"字段的"总计"项设置为"分组"，如图3-6所示。

（3）由于以"出生地点是安徽"为条件而不要求显示该字段，所以将"出生地点"字段的"总计"项设置为"条件"，单击"总计"栏，然后单击其右侧出现的向下箭头，在弹出的下拉列表中选择"条件"；并在"条件"栏内输入查询准则"Left([出生地点],2)="安徽""，取消其"显示"复选框的选中。

（4）统计学生人数可以对"学号"字段值计数得到，将"学号"字段的"总计"项设置为"计数"，具体设置结果如图3-7所示。

图3-6　添加"总计"栏

图3-7　总计查询设置

（5）单击工具栏上的"保存"按钮，弹出"另存为"对话框，在"查询名称"文本框内输入"安徽籍学生人数统计"，然后单击"确定"按钮保存查询。

（6）在数据库窗口的"查询"对象列表中，选中查询"安徽籍学生人数统计"，然后选择"视图"菜单的"数据表视图"命令，运行查询，查询结果如图3-8所示。选中查询后也可以单击工具栏上的"运行"按钮来运行查询。

（7）图3-8的查询结果不符合题目要求，必须将"学号之计数"更改为"安徽籍人数"。单击工具栏的"视图"按钮切换到设计视图，按如图3-9所示的修改即可，最后的查询结果如图3-10所示。

图3-8　总计查询一

图 3-9　自定义字段名称　　　　　　　　图 3-10　总计查询结果二

4. 分组总计查询

（1）打开设计视图，将"学生基本信息表"添加到设计视图中。双击"政治面貌"和"学号"字段，分别将其添加到设计视图中。

（2）选择"视图"菜单的"总计"命令，设计视图的"表"和"排序"栏之间添加了一个"总计"栏，并将"政治面貌"和"学号"字段的"总计"项设置为"分组"。

（3）要求统计各党派人数，要按"政治面貌"分组，所以保持"政治面貌"字段的"总计"项为默认的"分组"不变，将"学号"字段的"总计"项设置为"计数"，如图 3-11 所示。

（4）由于要求显示"政治面貌"和"人数"字段，其中"人数"字段属于新建字段，值来源于对"学号"计数，故将设计视图修改为如图 3-12 所示。

图 3-11　分组总计查询过程一　　　　　　图 3-12　分组总计查询过程二

（5）单击工具栏上的"保存"按钮，弹出"另存为"对话框，在"查询名称"文本框内输入"各党派学生人数统计"，然后单击"确定"按钮保存查询。

（6）单击工具栏上的"运行"按钮，切换到"数据表"视图，显示查询结果如图 3-13

所示。

5．交叉表查询

由于本查询的数据源为学生基本信息表、学生课程表和学生成绩表，可以利用前面的"不及格学生名单查询"为数据源使用"交叉表查询向导"来创建。

（1）在数据库的"查询"对象列表中选择"新建"按钮，在弹出的"新建查询"对话框中选择"交叉表查询向导"，如图 3-14 所示，然后单击"确定"按钮。

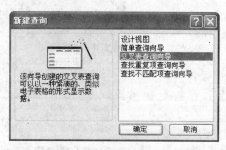

图 3-13　分组总计查询结果　　　　图 3-14　"新建查询"对话框

（2）弹出"交叉表查询向导"第一个对话框，在"视图"处选择"查询"，在上方的列表框内列出已有查询，选择"不及格学生名单查询"，如图 3-15 所示，然后单击"下一步"按钮。

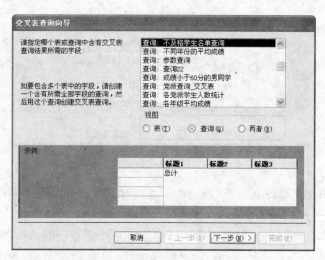

图 3-15　交叉表查询向导之一

（3）弹出"交叉表查询向导"第二个对话框，设置交叉表的行标题。在"可用字段"列表中双击"课程名称"，将其添加到"选定字段"列表中，如图 3-16 所示，然后单击"下一步"按钮。

（4）弹出"交叉表查询向导"第三个对话框，设置交叉表的列标题。在列表框中选择"系别"字段，如图 3-17 所示，然后单击"下一步"按钮。

（5）弹出"交叉表查询向导"第四个对话框，设置交叉表的值，在"字段"列表中选择

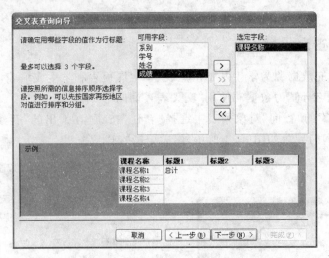

图 3-16　交叉表查询向导之二

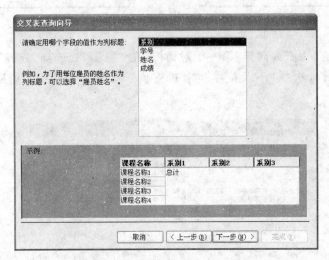

图 3-17　交叉表查询向导之三

"学号"字段,在"函数"列表中选择"计数"函数,并取消"是,包括各行小计。"复选框的选中,如图 3-18 所示,然后单击"下一步"按钮。

(6) 弹出"交叉表查询向导"第五个对话框,在"请指定查询的名称"文本框内输入"各课程各系不及格人数",并选择"查看查询"单选按钮,如图 3-19 所示,单击"完成"按钮,弹出交叉表查询结果,如图 3-20 所示。

6. 单参数查询

(1) 打开设计视图,将"学生基本信息表"、"学生成绩表"、"学生课程信息表"添加到设计视图中。分别双击"课程名称"、"课程号"、"学号"、"姓名"和"成绩",将其添加到设计视图中。

(2) 在"课程名称"字段的"条件"栏内输入"Like [输入课程号或课程名称]",在"课程

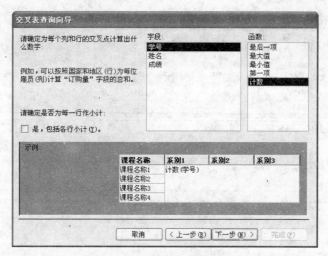

图 3-18　交叉表查询向导之四

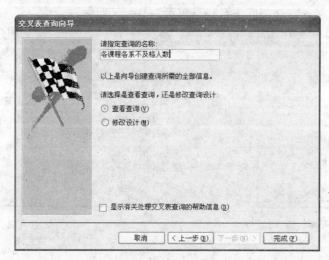

图 3-19　交叉表查询向导之五

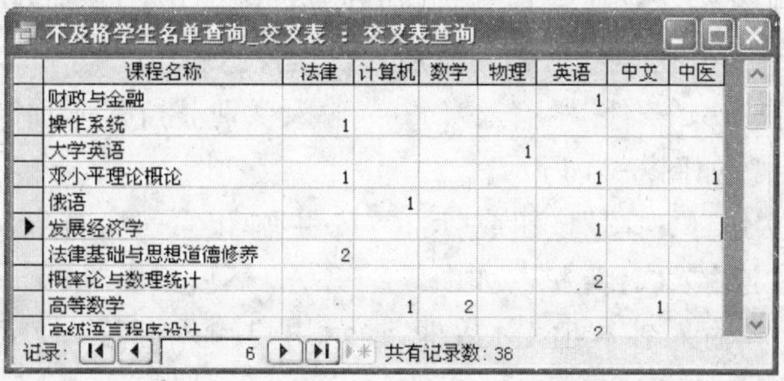

课程名称	法律	计算机	数学	物理	英语	中文	中医
财政与金融					1		
操作系统	1						
大学英语			1				
邓小平理论概论	1				1		1
俄语		1					
发展经济学					1		
法律基础与思想道德修养	2						
概率论与数理统计					2		
高等数学			1	2		1	
高级语言程序设计					2		

记录: |◄ ◄ 　6 　► ►| ►*　共有记录数: 38

图 3-20　交叉表查询结果

号"字段的"或"栏输入"Like［输入课程号或课程名称］"。由于要求查询结果中不显示
"课程号"字段,所以取消"课程号"字段的"显示"栏内复选框的选中,设置结果如图 3-21

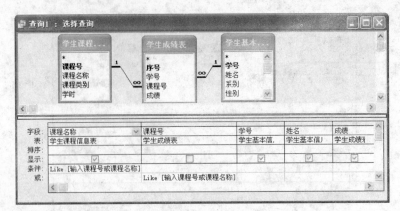

图 3-21　单参数查询设置

所示。

（3）单击工具栏上的"保存"按钮，弹出"另存为"对话框，在"查询名称"文本框内输入"通过课程号或课程名称查询成绩"，然后单击"确定"按钮保存查询。

（4）单击工具栏上的"运行"按钮，弹出"输入参数值"对话框，提示用户输入课程号或课程名称，假定输入 101，如图 3-22 所示，然后单击"确定"按钮，查询结果如图 3-23 所示。

图 3-22　"输入参数值"对话框

图 3-23　单参数查询结果

7. 多参数查询

（1）打开设计视图，将"教师信息表"添加到设计视图中。分别双击"系别"、"职称"、"姓名"、"学位"和"联系电话"字段，将其添加到设计视图中。

（2）在"系别"字段的"条件"栏输入"Like［输入系别］"，在"职称"字段的"条件"栏输入"Like［输入职称］"，如图 3-24 所示。

（3）单击工具栏上的"视图"按钮或"运行"按钮，弹出第一个"输入参数值"对话框，提示用户输入系别，假定输入"计算机"，如图 3-25 所示，然后单击"确定"按钮。

（4）弹出第二个"输入参数值"对话框，提示用户输入职称，假定输入"副教授"，如图 3-26 所示，然后单击"确定"按钮。

（5）弹出查询结果，如图 3-27 所示。单击工具栏上的"保存"按钮，弹出"另存为"对话框，在"查询名称"文本框内输入"通过系别和职称查教师"，然后单击"确定"按钮，保存查询。

图 3-24　多参数查询设置

图 3-25　输入第一个参数

图 3-26　输入第二个参数

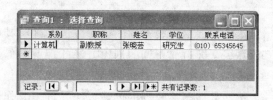

图 3-27　多参数查询结果

【思考与练习】

1. 查询有哪几种类型？思考本次实验中的各种查询如何归类。

2. 查询的设计视图和数据表视图分别有什么特点？

3. 选择查询和参数查询运行后，会改变数据源表的数据吗？

4. 总计查询结果的计算字段名称默认是什么？它有什么特点？

5. 以学生基本信息表、学生课程信息表和学生成绩表为数据源，通过设计视图来创建交叉表查询，统计每个学生每门课程的成绩。

6. 创建多参数查询时，参数的输入顺序应该如何改变？更改本次实验的多参数查询，要求查询运行时，先输入职称，再输入系别。

7. 分别进入本次实验所创建查询的 SQL 视图，了解 SQL 的基本用法。

实验 4

操 作 查 询

【实验目的】

1. 熟练掌握生成表查询的创建方法并理解其作用。
2. 熟练掌握追加查询的创建方法并理解其作用。
3. 熟练掌握更新查询的创建方法并理解其作用。
4. 熟练掌握删除查询的创建方法并理解其作用。

【实验内容】

1. 生成表查询。将"学生基本信息表"中政治面貌为"党员"的学生记录存入"学生党员信息表"。

2. 追加查询。将"学生基本信息表"中政治面貌为"团员"的若干学生记录追加到"学生党员信息表"中。

3. 更新查询。在"学生党员信息表"中,更新政治面貌为"团员"的学生记录,将"团员"修改为"党员"。

4. 删除查询。"学生基本信息表"中的学生记录中,若该记录已经存放在"学生党员信息表"中,则在"学生基本信息表"中将其删除。

【实验步骤】

1. 生成表查询

将"学生基本信息表"中政治面貌为"党员"的学生记录存入"学生党员信息表"。

操作步骤如下:

(1) 新建查询,打开查询设计视图,将"学生基本信息表"添加到查询设计视图的表显示区域。

(2) 双击"学生基本信息表. * "和"政治面貌"字段,使其添加到字段行。取消对"政治面貌"字段下显示复选框(☑)的选中,并在该字段的"条件"行单元格内输入条件

"党员"。

（3）单击工具栏的查询类型按钮 ![] ▼ 右边的小箭头，在弹出的列表中选择"生成表查询"，随即打开如图4-1所示的"生成表"对话框。该对话框的作用在于确认新生成的表的名字以及存放位置，在对话框中的"表名称"一栏输入"学生党员信息表"，选择"当前数据库"单选按钮，则新表将保存在当前数据库中，单击"确定"按钮。

图4-1 "生成表"对话框

（4）从"查询设计"视图切换到"数据表视图"可预览新建的表。

（5）在"查询设计"视图状态下单击"运行"按钮，执行该生成表查询，此时屏幕上出现一个操作提示对话框，如图4-2所示。

（6）阅读对话框中的信息，确定即将进行的操作，单击"是"按钮，用户可在"数据库"窗口的"表"对象中看到新建的"学生党员信息表"，如图4-3所示。

图4-2 生成表查询执行时的提示对话框

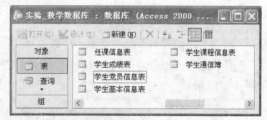

图4-3 新创建的"学生党员信息表"

2. 追加查询

将法律系的陈德炎、计算机系的黄峰珉、数学系的隋易、物理系的王洁、英语系的张艺涵、中文系的李晓阳、中医系的王泽宁 7 名学生在"学生基本信息表"中的记录追加到"学生党员信息表"。

操作步骤如下：

（1）新建查询，打开"查询设计"视图，并将学生基本信息表添加到"查询设计"视图的表显示区域。

（2）单击工具栏上的"查询类型"右侧的箭头，更改查询类型为"追加查询"，此时屏幕上出现"追加"对话框，如图4-4所示。在"表名称"右边的下拉列表框中输入"学生党员信息表"，或者单击下拉列表右侧的小箭头，在弹出的列表中选择目标表。要追加记录的表在当前数据库中，所以下方的单选按钮保持选择"当前数据库"不变，然后单击"确定"按钮。

图 4-4 "追加"对话框

（3）逐一双击"学生基本信息表"字段列表的各个字段，使其添加到字段行，并在"姓名"字段的"条件"行单元格内输入条件"In("陈德炎","黄峰珉","隋易","王洁","张艺涵","李晓阳","王泽宁")"，如图 4-5 所示。

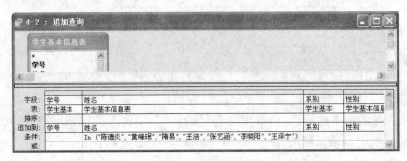

图 4-5 设计追加查询

（4）从"查询设计"视图切换到"数据表视图"可预览要追加的 7 条记录。在"查询设计"视图状态下单击"运行"按钮，执行该追加查询，此时屏幕上出现一个操作提示对话框，如图 4-6 所示。

图 4-6 生成表查询执行时的提示对话框

（5）在提示对话框中单击"是"按钮，Access 执行追加操作。

（6）打开"学生党员信息表"，查看记录追加的结果。

3. 新查询

此时，7 名学生的记录已添加到"学生党员信息表"，但该组记录的"政治面貌"字段值仍然为"团员"。在"学生党员信息表"中，更新"政治面貌"为"团员"的学生记录，将"团员"修改为"党员"。

操作步骤如下：

（1）新建查询，打开"查询设计"视图，将"学生党员信息表"添加到查询中。

（2）单击工具栏上的"查询类型"按钮右侧的向下箭头，在弹出的列表中选择"更新查询"，此时，"查询设计"视图的"设计网格"根据查询种类稍作调整，增加了一个"更新到"行。

（3）按照图 4-7 设计更新查询，在对应的单元格输入相关内容。

（4）切换到"数据表视图"，预览即将被修改的一组记录。

（5）在"查询设计"视图中单击"运行"按钮，屏幕将出现如图 4-8 所示对话框，选择"是"按钮执行更新操作。

图 4-7　设计更新查询　　　　　　图 4-8　更新查询执行时的提示对话框

（6）打开"学生党员信息表"，查看记录更新的结果（政治面貌已修改），如图 4-9 所示。

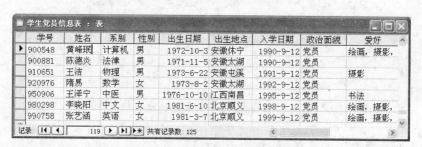

图 4-9　更新查询执行结果

4．删除查询

"学生基本信息表"中的学生记录中，若该记录已经存放在"学生党员信息表"中，则在"学生基本信息表"中将其删除。

操作步骤如下：

（1）新建查询，打开"查询设计"视图，将"学生基本信息表"添加到查询中。

（2）单击工具栏上的"查询类型"按钮右侧的向下箭头，在弹出的列表中选择"删除查询"，此时，"查询设计"视图"设计网格"中的"排序"行、"显示"行消失，增加了一个"删除"行。

（3）逐一双击"学生基本信息表"字段列表的各个字段，使其添加到字段行。在"姓名"字段的"条件"行单元格内输入条件：In("陈德炎","黄峰珉","隋易","王洁","张艺涵"，"李晓阳"，"王泽宁"）。

在"政治面貌"字段的"或"行单元格内输入条件："党员"，如图 4-10 所示。

注意：两个字段的条件是"或"的逻辑关系，不是"与"关系，所以不能写在一行中。

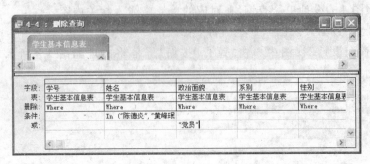

图 4-10　设计删除查询

（4）"设计网格"中的"删除"行此题中不需要做修改。切换到"数据表视图"，预览该删除查询检索到的一组记录（也是即将被删除的一组记录）。在"查询设计"视图中单击"运行"按钮，屏幕出现了一个提示对话框，如图 4-11 所示。对话框提示"您正准备从指定表删除 125 行"记录，可见，预览的数据与执行的操作相符；同时即将被删除的数据正好也是已经存放在学生党员信息表中的数据，符合题意。

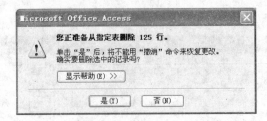

图 4-11　删除查询执行时的提示对话框

（5）在提示对话框中单击"是"按钮，Access 将这 125 条记录永久删除。

【思考与练习】

1. 本次实验的操作查询与上次实验建立的查询功能不同，它可以修改表中的数据，那么操作查询修改过的数据能不能恢复？

2. 建立操作查询在操作步骤上与其他查询有什么不同？

3. 操作查询可以多次执行吗？说明其原因。

SQL 语言

【实验目的】

1. 熟练掌握 SELECT 语句对数据表记录的查找操作,及各 SELECT 子句的作用。
2. 掌握 SELECT 语句对多个数据表查找数据信息的方法。
3. 理解 INSERT INTO 语句和 DELETE 语句为数据表添加、删除记录的方法。
4. 掌握数据定义查询的语法。

【实验内容】

1. 查询"教师信息表"中所有的记录。
2. 查询"学生课程信息表"中的前 10 条记录,并按照学时字段升序排列。
3. 查询"学生基本信息表"中年龄<18 岁的男同学的记录,并按照出生日期降序排列。
4. 统计各系人数,统计结果字段为系名称、总人数。
5. 查询数据库中由教授担任的课程有哪些,要求查询结果包含的字段有姓名、职称、课程号、课程名称、学时。
6. 创建联合查询。
7. 创建表查询,修改表查询,插入查询,删除记录查询,删除表查询。
8. 应用插入查询、删除记录查询为"学生通信簿"表添加记录或删除数据,尝试删除表查询。

【实验步骤】

1. 查询"教师信息表"中所有的记录。

操作步骤如下:

(1) 打开"教学数据库",选择查询对象,单击工具栏上的"新建"按钮,在弹出的"新建查询"对话框中,选择"设计视图"。

(2) 随即弹出"显示表"对话框,把"教师信息表"添加到查询设计器中。

（3）右击标题栏，在弹出的快捷菜单中选择"SQL 视图"。

（4）在 SELECT 后面添加一个 * 号，结果如图 5-1 所示，保存查询，取名为 SQL_1。

图 5-1　SQL 视图编辑区

（5）右击标题栏，在弹出的快捷菜单中选择"数据表视图"，查看查询结果。也可以在 SQL 视图下单击工具栏上的"运行"按钮 ⚡ ，查看查询结果。

说明：操作熟练后，也可省略操作步骤（2）中数据表的添加，直接从"查询设计"视图切换到 SQL 视图，在 SQL 视图中输入以下语句：

SELECT * FROM 教师信息表;

2. 查询"学生课程信息表"中的前 10 条记录，并按照学时字段升序排列。

操作步骤如下：

（1）新建查询，打开 SQL 视图（方法与上同，操作步骤不再赘述），在编辑区域输入以下语句：

SELECT TOP 10 * FROM 学生课程信息表 ORDER BY 学时;

（2）保存查询为"SQL_2"，单击"运行"按钮，查询结果如图 5-2 所示。

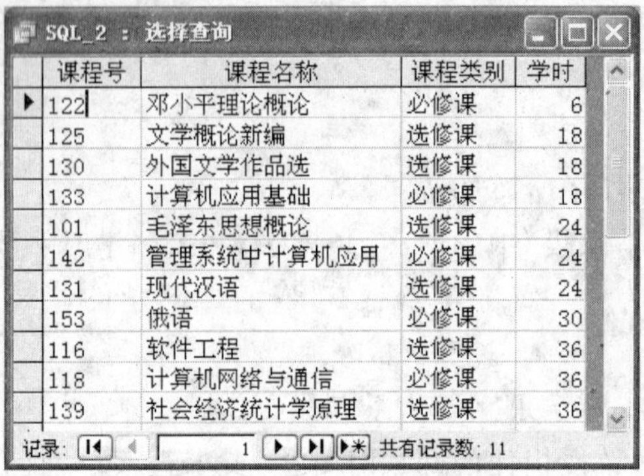

课程号	课程名称	课程类别	学时
122	邓小平理论概论	必修课	6
125	文学概论新编	选修课	18
130	外国文学作品选	选修课	18
133	计算机应用基础	必修课	18
101	毛泽东思想概论	选修课	24
142	管理系统中计算机应用	必修课	24
131	现代汉语	选修课	24
153	俄语	必修课	30
116	软件工程	选修课	36
118	计算机网络与通信	必修课	36
139	社会经济统计学原理	选修课	36

记录：1 共有记录数：11

图 5-2　查询结果

3. 查询"学生基本信息表"中年龄<18 岁的男同学的记录，并按照出生日期降序排列。

操作步骤如下：

（1）新建查询，打开 SQL 视图，在文本编辑区域输入以下语句：

SELECT *
FROM 学生基本信息表
WHERE year(date())-year(出生日期)<18 and 性别="男"
ORDER BY 出生日期;

（2）保存查询为"SQL_3"，并运行之，查看查询结果。

（3）单击"视图"菜单，选择"设计视图"选项，则显示如图 5-3 所示结果。观察设计视图的标题栏、数据表显示区域、各网格栏，对照实验 3，可得出本题创建的是选择查询。

4. 统计各系人数,统计结果字段为系名称、总人数。

操作步骤如下:

(1) 新建查询,打开 SQL 视图,在文本编辑区域输入以下语句:

SELECT 系别 AS 系名称,count(学号)AS 总人数

FROM 学生基本信息表

GROUP BY 系别;

(2) 保存查询为"SQL_4",并运行之,查看查询结果。

(3) 单击"视图"菜单,选择"设计视图"选项,观察设计视图,可得出本题的 SQL 语句创建的是分组总计查询。查询结果如图 5-4 所示。

图 5-3　查询设计视图

图 5-4　分组总计查询结果

5. 查询数据库中由教授担任的课程有哪些,要求查询结果包含的字段有姓名、职称、课程号、课程名称、学时。

操作步骤如下:

(1) 新建查询,打开 SQL 视图,在文本编辑区域输入以下语句:

SELECT 教师信息表.姓名,教师信息表.职称,学生课程信息表.课程号,学生课程信息表.课程名称,学生课程信息表.学时

FROM 教师信息表 INNER JOIN(学生课程信息表 INNER JOIN 任课信息表 ON 学生课程信息表.课程号=任课信息表.课程号)

ON 教师信息表.职工号=任课信息表.职工号

WHERE 教师信息表.职称="教授";

(2) 查询保存为"教授任课情况",并运行之,查看查询结果,如图 5-5 所示。

6. 创建联合查询。

操作步骤如下:

(1) 打开 SQL 设计视图,修改 SQL 语句的内容,将"教授"修改为"高级教师",目的是查找由高级教师担任的课程情况,修改后的语句如下:

SELECT 教师信息表.姓名,教师信息表.职称,学生课程信息表.课程号,学生课程信息表.课程名称,学生课程信息表.学时

FROM 教师信息表 INNER JOIN (学生课程信息表 INNER JOIN 任课信息表 ON 学生课程信息表.课程

SQL_I : 选择查询

姓名	职称	课程号	课程名称	学时
张成	教授	122	邓小平理论概论	6
张成	教授	132	古代汉语	72
张成	教授	102	马克思主义政治经济学原理	54
张成	教授	125	文学概论新编	18
李鹏举	教授	111	计算机组成原理	64
李鹏举	教授	130	外国文学作品选	18

记录: 1 共有记录数: 6

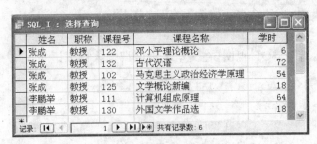

图 5-5　多表查询(连接查询)

```
号=任课信息表.课程号)
ON 教师信息表.职工号=任课信息表.职工号
WHERE 教师信息表.职称="高级教师";
```

(2) 打开“文件”菜单,选择“另存为”命令,将查询保存为“高级教师任课情况”,保存类型保持不变。查询结果如图 5-6 所示。

SQL_I : 选择查询

姓名	职称	课程号	课程名称	学时
赵大鹏	高级教师	119	操作系统	54
赵大鹏	高级教师	105	高级语言程序设计	52
赵大鹏	高级教师	113	离散数学	82
王丽丽	高级教师	123	法律基础与思想道德修养	50
王丽丽	高级教师	124	汉语写作学	50
王丽丽	高级教师	110	模拟电路与数字电路	72
刘立丰	高级教师	109	概率论与数理统计	40
刘立丰	高级教师	112	汇编语言程序设计	72
刘立丰	高级教师	152	日语	90
王成里	高级教师	114	计算机系统结构	74
王成里	高级教师	107	数据结构导论	54

记录: 1 共有记录数: 11

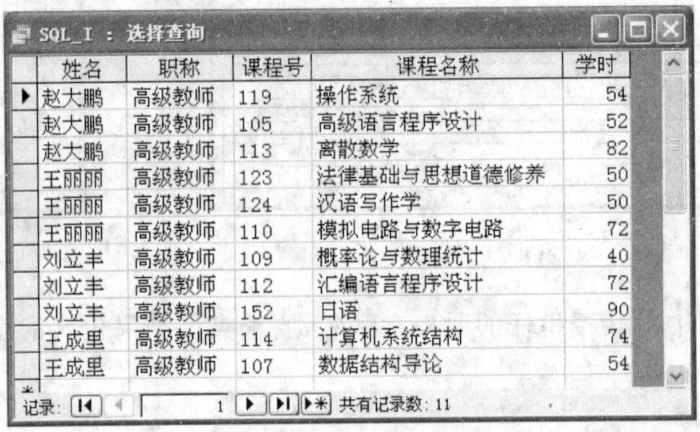

图 5-6　数据表视图

(3) 再次新建查询,打开 SQL 视图,输入以下语句:

```
SELECT * FROM 教授任课情况 UNION SELECT * FROM 高级教师任课情况;
```

关键字 UNION 确定了该查询为“联合查询”的类型,保存为“USQL_1”,关闭其 SQL 视图。

(4) 在查询对象中找到 USQL_1 对象,观察该对象的图标“ USQL_1 ”。

从查询结果可看到图 5-7 的结果由图 5-5 和图 5-6 合并而成,状态栏记录数 17 为图 5-5 与图 5-6 查询结果记录的和。联合查询即把两个或两个以上 SELECT 语句的查询结果集合合并,使之作为一个结果集合显示。若在上述基础上,需要查询学时数在 64 以上的教授或高级教师的任课情况,其查询语句如下:

```
SELECT * FROM 教授任课情况
WHERE 学时>=64
UNION SELECT * FROM 高级教师任课情况 WHERE 学时>=64;
```

7. 数据定义查询。创建“学生通信簿”表,试用 ALTER TABLE 语句修改表的

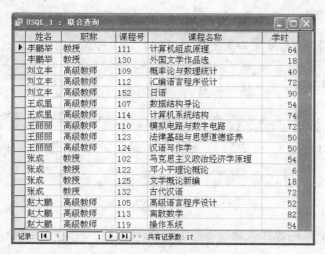

图 5-7　联合查询结果

结构。

操作步骤如下：

（1）新建查询，打开 SQL 视图，在文本编辑区域输入以下语句：

CREATE TABLE 学生通信簿
(姓名 char(10),寝室号 char(4),寝室电话 char(7),E_Mail char(20));

（2）保存查询为"SQL_C"，执行该查询。

（3）选择 Access 表对象，打开创建的"学生通信簿"表，如图 5-8 所示，观察后关闭
该表。

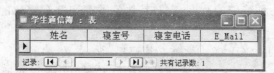

图 5-8　CREATE TABLE 语句创建的"学生通信簿"表

（4）新建查询保存为"SQL_A"，打开 SQL 视图，在文本编辑区域输入以下语句，为
"学生通信簿"表增加字段"生日"：

ALTER TABLE 学生通信簿 ADD 生日 DATE;

（5）重复执行第（3）步，观察表修改后的结果。

（6）打开"学生通信簿"的表设计器，观察字段的类型是否与 CREATE TABLE 语句
中设置的类型相同。

8. 应用插入查询、删除记录查询为"学生通信簿"表添加记录或删除数据，尝试删除
表查询。

操作步骤如下：

（1）新建查询保存为"SQL_I"，打开 SQL 视图，在文本编辑区域输入以下语句，为

"学生通信簿"表添加一条记录：

```
INSERT INTO 学生通信簿(姓名,寝室号,寝室电话,E_Mail,生日)
VALUES("洪智伟","2207","3170506","hzw2010@163.com",#1973-12-19#);
```

（2）再次打开"学生通信簿"表，显示结果如图 5-9 所示。

图 5-9　插入新记录的"学生通信簿"表

（3）若需要删除刚才插入数据表的新记录，可新建 SQL 查询，删除语句书写如下：

```
DELETE FROM 学生通信簿 WHERE E_Mail="hzw2010@163.com";
```

（4）保存查询为"SQL_D"，并执行之。打开"学生通信簿"表，观察执行后的结果，发现洪智伟的数据记录被删除。

（5）若需要删除数据表"学生通信簿"，可新建 SQL 查询，输入以下表删除语句：

```
DROP TABLE 学生通信簿;
```

（6）该语句执行后，选择 Access 表对象，可发现"学生通信簿"表已被删除。

【思考与练习】

1. SQL 查询是一种特殊的查询，它与其他各类查询又有密切的联系，思考它们之间的联系。

2. 建立基于多表的 SQL 查询之前必须要提前建立关系吗？

3. SQL 查询建立之后，能否在查询设计视图下查看？观察两种视图下的关系。

4. 在 SQL 视图下查看、分析前面所建立的查询。

实验 **6**

窗体的设计

【实验目的】

1. 了解窗体的组成和视图。
2. 掌握各种窗体的创建方法,特别是设计视图下对窗体的创建和修改。
3. 掌握窗体上各控件的使用方法。
4. 掌握子窗体的创建方法,理解子窗体的作用。
5. 掌握对窗体的属性的修改和对控件布局的调整。

【实验内容】

1. 使用"自动创建窗体"创建基于"学生课程信息表"的表格式窗体。
2. 使用"图表向导"创建窗体统计男、女生的平均成绩。
3. 使用"数据透视表向导"创建窗体用于统计各系各门课程的成绩信息。
4. 使用"窗体向导"创建基于"教师信息表"的纵栏式窗体,要求窗体中显示教师的姓名、性别、工作日期、职称、学位和政治面貌,窗体样式为混合。
5. 使用"设计视图"创建基于"学生基本信息表"的纵栏式窗体,用于显示学生的学号、姓名、性别、出生日期、政治面貌字段的信息。
6. 使用向导创建主/子窗体,要求窗体中显示学生的学号、姓名、课程名称和成绩,并将课程名称和成绩以子窗体的样式显示。
7. 创建窗体用于显示"学生基本信息表"中学号、姓名、性别、出生日期、政治面貌、年龄的信息,并作如下要求:
   (1) 年龄用文本框显示,其值根据出生日期进行计算。
   (2) 性别用列表框控件显示。
   (3) 政治面貌用组合框显示。
   (4) 两个命令按钮用于添加和删除表中的记录。
8. 创建信息查询窗体用于教师信息的查询,在窗体上用文本框控件接收用户输入的职称信息,单击窗体上的"命令"按钮,查询该职称的教师的基本信息。

【实验步骤】

1. 自动创建窗体

操作步骤如下：

(1) 在"数据库"窗口中单击对象栏中的"窗体"对象。

(2) 单击数据库窗口中的"新建"按钮，显示"新建窗体"对话框，在对话框中选中"自动创建窗体：表格式"，然后从"请选择该对象数据的来源表或查询"组合框中选择"学生课程信息表"，如图 6-1 所示。

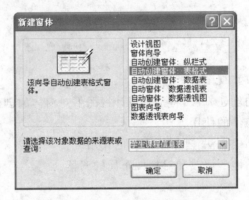

图 6-1 "新建窗体"对话框

(3) 单击"确定"按钮，Access 自动创建以"学生课程信息表"为数据来源的一个表格式窗体，显示效果如图 6-2 所示。

学生课程信息表			
课程号	课程名称	课程类别	学时
101	毛泽东思想概论	选修课	24
102	马克思主义政治经济学原理	选修课	54
104	高等数学	必修课	100
105	高级语言程序设计	必修课	52
107	数据结构导论	选修课	54
108	工程经济	必修课	50
109	概率论与数理统计	必修课	40
110	模拟电路与数字电路	选修课	72

记录: |◄ ◄ 1 ► ►| ►* 共有记录数: 42

图 6-2 表格式窗体

(4) 单击工具栏上的"保存"按钮，输入窗体名称保存此窗体。

2. 图表向导

操作步骤如下：

(1) 首先创建查询，包括姓名、性别、课程号和成绩字段，或也可以只选择"性别"、"成绩"字段。查询设计如图 6-3 所示，保存查询名称为"成绩信息"。

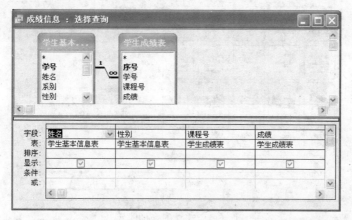

图 6-3　查询的设计

（2）在"数据库"窗口中选中"窗体"对象，单击数据库窗口中的"新建"按钮，显示"新建窗体"对话框。

（3）在"新建窗体"对话框中选择"图表向导"，然后从"请选择该对象数据的来源表或查询"组合框中选择查询"成绩信息"，如图 6-4 所示。

（4）单击"确定"按钮，在出现的对话框中双击"可用字段"列表中的"性别"、"成绩"字段，将其添加到右侧的"用于图表的字段"列表中，如图 6-5 所示。

（5）单击"下一步"按钮，在出现的对话框中选择图表的类型，本题选择"柱形图"，如图 6-6 所示。

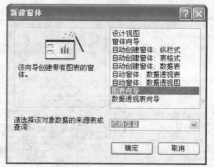

图 6-4　"新建窗体"对话框的设置

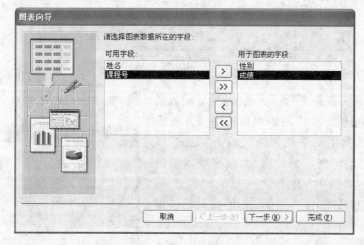

图 6-5　选择图表窗体使用的字段

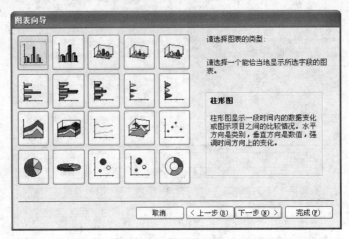

图 6-6　选择图表的类型

（6）单击"下一步"按钮，在出现的对话框中选择图表的布局方式。将右边的两个字段"性别"、"成绩"按默认的位置放置，并双击汇总数据的位置，从弹出的对话框中将汇总方式修改为"平均值"，单击"确定"按钮，如图 6-7 所示。

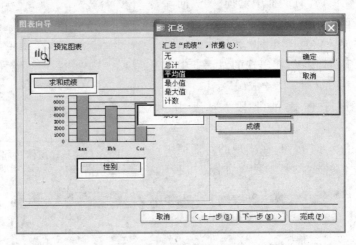

图 6-7　图表的布局

（7）完成后可以单击"预览"按钮，预览图表的样式，如果满意，关闭"示例预览"窗口，单击"下一步"按钮。在出现的对话框中输入图表窗体的标题"男女生的平均成绩"，单击"完成"按钮后 Access 自动创建好统计男、女生平均成绩的一个图表窗体，如图 6-8 所示。

（8）单击工具栏上的"保存"按钮，将此窗体保存起来。

3. 数据透视表向导

操作步骤如下：

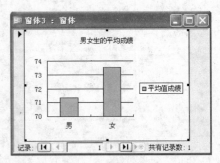

图 6-8　图表窗体

（1）在"数据库"窗口中选中"窗体"对象。单击"新建"按钮，显示"新建"对话框。

（2）在出现的对话框中选中"数据透视表向导"，单击"确定"按钮，显示关于数据透视表的说明信息，直接单击"下一步"按钮。

（3）在显示的对话框中，从"表/查询"组合框中选择"学生基本信息表"，然后从"可用字段"列表中添加"系别"、"性别"字段到"为进行透视而选取的字段"列表中；然后再选择"学生课程信息表"，添加"课程名称"字段；最后选择"学生成绩表"，添加"成绩"字段，如图6-9所示。

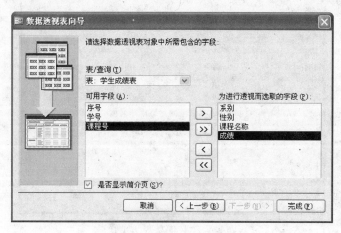

图6-9　透视表字段选择界面

（4）单击"完成"按钮。在显示的窗体中，将数据透视表字段列表中显示的字段拖动到相应的区域。将"系别"字段拖动到"行字段"放置位置，将"课程名称"字段拖动到"列字段"放置位置，将"成绩"字段拖动到"汇总或明细字段"放置位置，效果如图6-10所示。

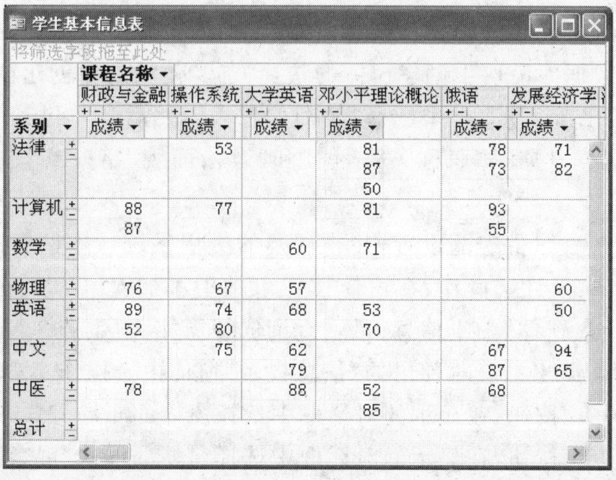

图6-10　数据透视表中字段的添加效果

（5）然后单击需要汇总的字段"成绩"，单击工具栏上的"自动计算"按钮，从菜单列表中选择汇总函数"总计"实现对成绩的汇总。还可以把"性别"字段拖动到"筛选字段"的位置,首先按"性别"进行筛选,然后再按"系别"和"课程名称"进行汇总和统计,如图 6-11 所示。

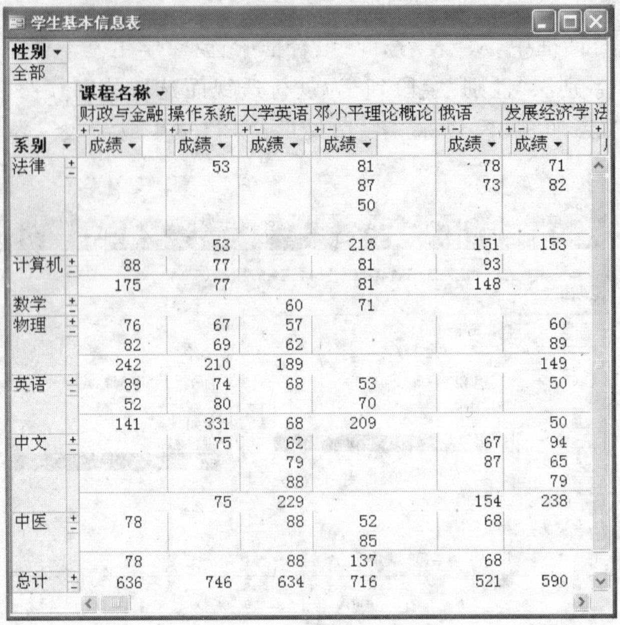

系别	财政与金融 成绩	操作系统 成绩	大学英语 成绩	邓小平理论概论 成绩	俄语 成绩	发展经济学 成绩
法律		53		81 / 87 / 50	78 / 73	71 / 82
		53		218	151	153
计算机	88	77		81	93	
	175	77		81	148	
数学			60	71		
物理	76 / 82	67 / 69	57 / 62			60 / 89
	242	210	189			149
英语	89 / 52	74 / 80	68	53 / 70		50
	141	331	68	209		50
中文		75	62 / 79 / 88		67 / 87	94 / 65 / 79
中医	78	75	229 / 88	52 / 85	154 / 68	238
	78		88	137	68	
总计	636	746	634	716	521	590

图 6-11　数据透视表窗体

（6）单击工具栏上的"保存"按钮,即可将此窗体保存起来。

4．窗体向导

操作步骤如下:

（1）在"数据库"窗口中选中"窗体"对象。

（2）直接双击数据库窗口中创建窗体的快捷方式"使用向导创建窗体",在显示的"向导"对话框中从"表/查询"列表框中选择"教师信息表",然后从"可用字段"列表框中添加"姓名"、"性别"、"工作日期"、"职称"、"学位"和"政治面貌"字段到"选定的字段"列表框中,如图 6-12 所示。

本示例仅说明各种事件宏的设置,并非真实的应用系统。本例题的操作包含 3 个部分:设计各界面窗体、设计宏操作、在窗体按钮事件中添加宏。为实现系统要求,先分别设计各个窗体,包括主窗体、学生信息窗体、查询成绩窗体、学生选课窗体、教师信息窗体、教师任课信息窗体。退出系统时弹出的"信息提示"窗体由宏操作实现。

（3）单击"下一步"按钮,在显示的对话框中选择窗体的布局方式"纵栏表"。

（4）单击"下一步"按钮,在显示的对话框中选择窗体的样式"混合"。

（5）单击"下一步"按钮,在出现的对话框中输入窗体的标题"教师的信息显示"。

（6）单击"完成"按钮,Access 会自动创建如图 6-13 所示的窗体并且将其以标题的名称保存起来。

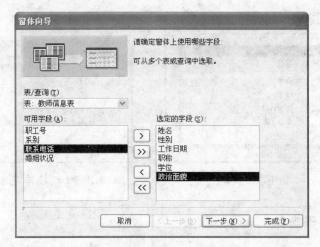

图 6-12　窗体中字段的选择

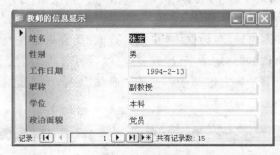

图 6-13　窗体显示效果

5. 设计视图

操作步骤如下：

（1）在"数据库"窗口中选中"窗体"对象。

（2）直接双击"数据库"窗口中创建窗体的快捷方式"在设计视图中创建窗体"，将创建一个只包含主体节的空白窗体。

（3）双击标尺交叉点处的"窗体选择器"，打开窗体的属性对话框，设置"全部"选项卡中的"记录源"属性为"学生基本信息表"，如图6-14所示。

图 6-14　窗体记录源属性设置

（4）设置窗体记录源属性后会显示"字段列表"，关闭窗体属性对话框，在字段列表中按住Ctrl键同时选中字段列表中的"学号"、"姓名"、"性别"、"出生日期"、"政治面貌"字段，然后同时拖动到窗体中，如图6-15所示。

（5）在"视图"菜单中选择"窗体视图"命令，将窗体的视图切换到"窗体视图"，查看窗体的效果，如图6-16所示。最后单击工具栏的"保存"按钮，保存窗体。

图 6-15 添加字段到窗体

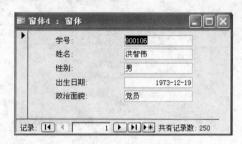

图 6-16 窗体视图显示效果

6. 创建主/子窗体

操作步骤如下：

(1) 在"数据库"窗口中选中"窗体"对象，单击"新建"按钮，显示"新建"对话框，选中"窗体向导"，单击"确定"按钮。

(2) 在显示的"窗体向导"对话框中，从"表/查询"组合框中选择"学生基本信息表"，添加"学号"、"姓名"字段到"选定的字段"列表中；然后再选择"学生课程信息表"，添加"课程名称"字段；最后选择"学生成绩表"，添加"成绩"字段到"选定的字段"列表中，如图 6-17 所示。

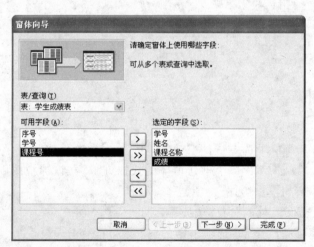

图 6-17 选定主/子窗体中的字段

(3) 单击"下一步"按钮，确定查看数据的方式，选择"通过学生基本信息表"，然后选中"带有子窗体的窗体"，即将关联表中的信息以嵌入式子窗体的方式显示，如图 6-18 所示。

(4) 单击"下一步"按钮，在显示的对话框中确定子窗体使用的布局，设置为"数据表"，如图 6-19 所示。

(5) 单击"下一步"按钮，在出现的对话框中选择窗体使用的样式，选择 10 个选项中

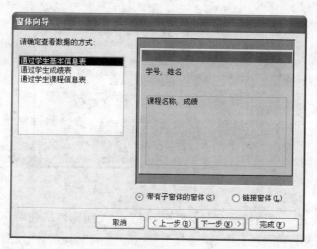

图 6-18　设置数据的显示方式

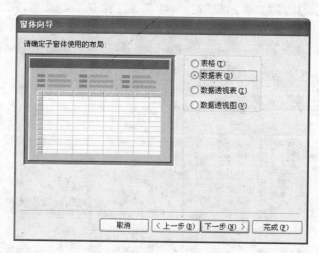

图 6-19　确定子窗体的布局

的"标准"。

（6）单击"下一步"按钮，在出现的对话框中分别输入主窗体和子窗体的标题为"学生主窗体"和"成绩子窗体"。

（7）单击"完成"按钮后，Access 会自动创建好主窗体和嵌入式子窗体并且以指定的标题作为窗体名称将其保存起来，窗体显示效果如图 6-20 所示。

7. 窗体中控件的设计

操作步骤如下：

（1）在"数据库"窗口中选中"窗体"对象。直接双击"数据库"窗口中创建窗体的快捷方式"在设计视图中创建窗体"，将创建一个只包含主体节的空白窗体。双击标尺交叉点处的"窗体选择器"，打开窗体的属性对话框，设置"数据"选项卡中的"记录源"属性为"学生基本信息表"。

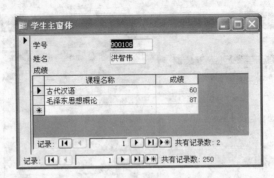

图 6-20 主/子窗体的显示效果

（2）设置窗体记录源属性后会显示"字段列表"，关闭窗体属性对话框，在字段列表中按住 Ctrl 键同时选中字段列表中的"学号"、"姓名"、"出生日期"字段然后拖动到窗体中，如图 6-21 所示。

（3）单击工具箱中的"控件向导"按钮，使其处于未选中的状态，在工具箱上单击"文本框"按钮，在窗体中添加一个文本框控件。选中文本框控件的附加标签，打开属性对话框，将标签的"标题"属性修改为"年龄："，选中文本框，在其属性对话框中将"控件来源"属性修改为"＝Year(Date())－Year([出生日期])"，如图 6-22 所示。

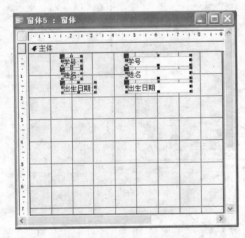

图 6-21 添加字段到窗体

图 6-22 文本框属性设置

（4）单击工具箱中的"列表框"，然后在窗体中添加列表框控件。选中列表框的附加标签控件，修改其"标题"属性为"性别："；选中列表框控件，在属性对话框中修改"数据"选项卡的"控件来源"属性为"性别"，"行来源类型"属性为"值列表"，"行来源"属性为""男";"女""，如图 6-23 所示。

（5）单击工具箱中的"组合框"，然后在窗体中添加组合框控件。选中组合框的附加标签控件，修改其"标题"属性为"政治面貌："；选中组合框控件，在属性对话框中修改"数据"选项卡的"控件来源"属性为"政治面貌"，"行来源类型"属性为"表/查询"，"行来源"属性为 SQL 语句"SELECT DISTINCT 政治面貌 FROM 学生基本信息表"，如图 6-24 所示。

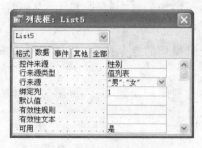

图 6-23 列表框控件的设置

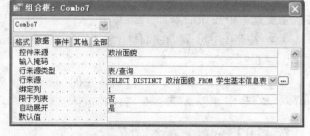

图 6-24 组合框控件的设置

（6）单击工具箱中的"控件向导"按钮，使其处于选中状态，再单击工具箱中的"命令按钮"，在窗体的设计视图添加一个命令按钮，此时会弹出"命令按钮向导"对话框，在此对话框中从"类别"框内选中"记录操作"，然后在对应的"操作"框中选择"添加新记录"，如图 6-25 所示。

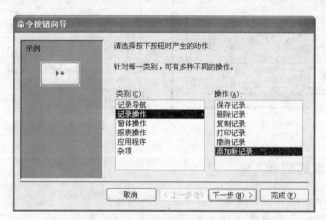

图 6-25 选择命令按钮功能

（7）单击"下一步"按钮，在出现的对话框中单击"文本"选项，在文本框内输入"添加记录"，如图 6-26 所示。

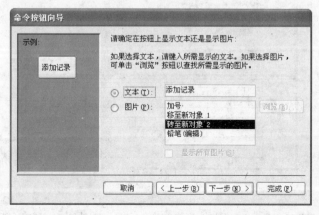

图 6-26 输入命令按钮的标题文本

(8) 单击"下一步"按钮,在出现的对话框中确定命令按钮的名称属性,单击"完成"按钮,完成此命令按钮的添加。

(9) 按照上述步骤,在窗体上添加用于完成删除记录操作的命令按钮,调整控件的布局,如图 6-27 所示。

(10) 在"视图"菜单中选择"窗体视图"命令将窗体的视图切换到"窗体视图",查看窗体的效果,如图 6-28 所示。最后保存窗体。

图 6-27　窗体的设计视图

图 6-28　窗体视图的显示效果

8. 查询窗体的创建

操作步骤如下:

(1) 要显示职称为用户输入值的教师的基本信息,首先创建一个参数查询,从"教师信息表"中查询教师的基本信息,查询保存为"职称查询",如图 6-29 所示。

图 6-29　职称查询

(2) 在"数据库"窗口中单击"窗体",双击"在设计视图创建窗体",新建空白窗体。

（3）单击工具箱中的"控件向导"按钮,使其
处于关闭状态,再单击工具箱中的"文本框",向窗
体上添加一个文本框控件,将文本框附加标签的
内容修改为"请输入职称:",打开文本框的属性
对话框,将文本框的"名称"属性修改为"输入职称
控件",如图 6-30 所示。

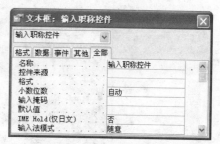

图 6-30　文本框属性设置

（4）单击工具箱中的"控件向导"按钮,使其
处于选中状态,再单击工具箱中的"命令按钮",在
窗体上添加命令按钮控件,此时会弹出"命令按钮向导"对话框,在此对话框中从"类别"列
表框中选择"杂项",从"操作"列表框中选择"运行查询"操作,如图 6-31 所示。

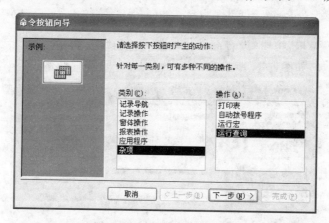

图 6-31　命令按钮操作选择

（5）单击"下一步"按钮,设置命令按钮运行的查询为"职称查询",如图 6-32 所示。

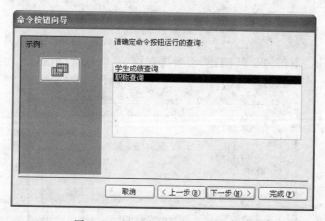

图 6-32　设置命令按钮运行的查询

（6）单击"下一步"按钮,并设置在命令按钮上显示的文本信息为"确定",如图 6-33
所示。

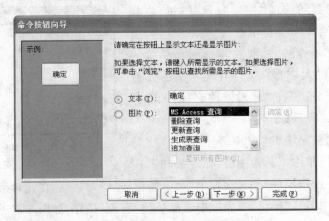

图 6-33　设置命令按钮上显示的文本

（7）单击"下一步"按钮，设置命令按钮的名称为"Cmd"，然后单击"完成"按钮，完成对命令按钮的添加，如图 6-34 所示。

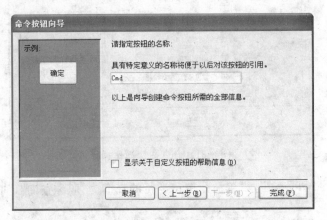

图 6-34　设置命令按钮的名称

（8）单击工具栏上的"保存"按钮，将窗体保存为"职称查询窗体"，如图 6-35 所示。

图 6-35　职称查询窗体的设计

（9）对参数查询"职称查询"的条件设置进行修改。打开"职称查询"的设计视图，在

"职称"字段中将输入的条件修改为"[Forms]！[职称查询窗体]！[输入职称控件]"，如图 6-36 所示，保存查询。

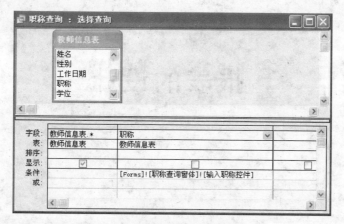

图 6-36　参数查询条件的设置

（10）单击"视图"选择"窗体视图"，查看窗体的功能。在文本框中输入查询的职称如副教授，单击"确定"按钮，显示该职称教师的基本信息，如图 6-37 所示。

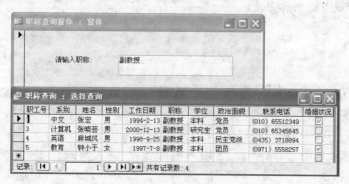

图 6-37　窗体的效果

注意：参数查询中条件设置的格式为：[Forms]！[窗体名称]！[控件名称]，表示利用窗体名称指定的窗体中的输入控件接收用户对字段的条件设置，来查找符合输入条件的记录。

【思考与练习】

1．窗体有哪几种类型？思考各种类型窗体的创建方法。

2．窗体的视图有哪几种？每种视图有什么作用？

3．思考自动创建窗体方式的数据源与窗体向导的数据源有何不同。

4．思考列表框控件和组合框控件的不同之处。

5．使用设计视图创建主/子窗体，要求窗体中显示学生的学号、姓名、课程号和成绩，并将课程号和成绩显示在子窗体中。

实验 7

报表的设计

【实验目的】

1. 了解报表的组成和视图及其作用。
2. 掌握各种报表的创建方法,特别是报表向导和设计视图下的报表创建。
3. 掌握报表中记录排序、分组的方法并进行汇总计算。
4. 掌握子报表的创建方法。

【实验内容】

1. 使用"自动创建报表"创建基于"学生课程信息表"的表格式报表。

2. 使用"报表向导"创建报表,用于输出每个学生的各门课程的成绩信息,包括姓名、课程名称、成绩字段,并计算每个学生的平均成绩和总成绩。

3. 使用"设计视图"创建基于"学生基本信息表"的表格式报表,要求输出学生的学号、姓名、性别、出生日期、政治面貌字段,并在报表的每一页的下方添加页码信息。

4. 使用"设计视图"创建报表,用于输出每个学生的各门课程的成绩信息,包括学号、姓名、课程名称、成绩字段,并计算每个学生的平均成绩和总成绩。

5. 创建主/子报表,主报表中显示学生的基本信息,包括学号、姓名、性别、出生日期字段;子报表显示成绩信息,包括学号、课程号和成绩。

【实验步骤】

1. 自动创建报表

操作步骤如下:

(1) 在"数据库"窗口中单击对象栏中的"报表"对象。

(2) 单击"新建"按钮,在弹出的对话框中选择"自动创建报表:表格式",在"请选择该对象数据的来源表或查询"下拉列表框中选择"学生课程信息表",如图 7-1 所示。

(3) 单击"确定"按钮,即自动生成一个报表,如图 7-2 所示。然后单击工具栏上的

"保存"按钮,输入报表的名称保存报表。

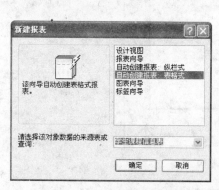

图 7-1 "新建报表"对话框

图 7-2 表格式报表

2. 报表向导

操作步骤如下:

(1) 在"数据库"窗口中单击对象栏中的"报表"对象。

(2) 单击"新建"按钮,在弹出的对话框中选择"报表向导",单击"确定"按钮。

(3) 在显示的对话框中,从"表/查询"组合框中选择"学生基本信息表",然后从"可用字段"列表中添加"学号"、"姓名"字段到"选定的字段"列表中;然后再选择"学生课程信息表",添加"课程名称"字段;最后选择"学生成绩表",添加"成绩"字段,如图 7-3 所示。

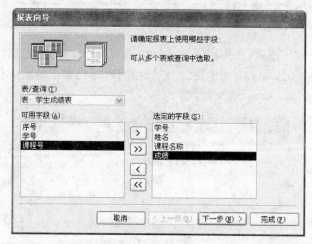

图 7-3 选择报表的字段

(4) 单击"下一步"按钮,确定查看数据的方式为"通过学生成绩表",如图 7-4 所示。

(5) 单击"下一步"按钮,在显示的对话框中确定分组级别,双击左侧列表框中的"学号"字段,使之显示在右侧图形页面的顶部,实现按学号分组,如图 7-5 所示。

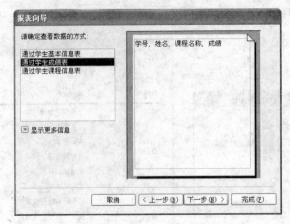

图 7-4   确定数据的查看方式

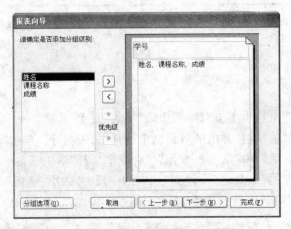

图 7-5   在向导中选择分组

　　(6) 单击"下一步"按钮,在弹出的对话框中设置排序次序,此处选择"姓名"进行升序排序,如图 7-6 所示。然后单击图中的"汇总选项"按钮,在弹出的对话框中选择"汇总"和"平均",如图 7-7 所示。单击"确定"按钮。

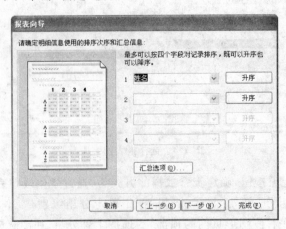

图 7-6   报表的排序

Access 数据库程序设计实验指导

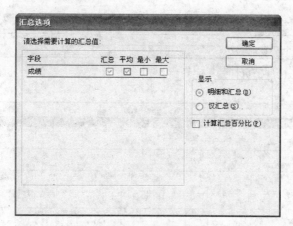

图 7-7 "汇总选项"对话框

（7）单击"下一步"按钮，在弹出的对话框中设置布局方式，选择布局为"递阶"，"纵向"进行打印。单击"下一步"按钮，在弹出的对话框中设置报表所用样式为"正式"。

（8）单击"下一步"按钮，在弹出的对话框中输入报表的标题为"学生成绩的汇总"，然后选择"修改报表设计"，如图 7-8 所示。

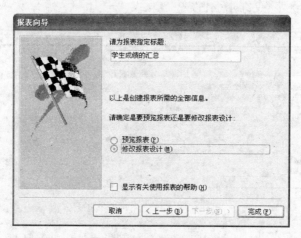

图 7-8 确定报表的标题

（9）单击"完成"按钮，即可看到报表的设计效果，然后在设计视图中将显示姓名的文本框控件从主体节移动至页面页眉节显示，如图 7-9 所示。

（10）单击工具栏上的"视图"按钮，切换到"打印预览"视图查看打印效果，如图 7-10 所示。

3. 设计视图

操作步骤如下：

（1）在"数据库"窗口中单击对象栏中的"报表"对象。然后双击"在设计视图中创建报表"，此时在设计视图中打开一个包含"主体"节、"页面页眉"节、"页面页脚"节的空白报表。

图 7-9　报表的设计效果

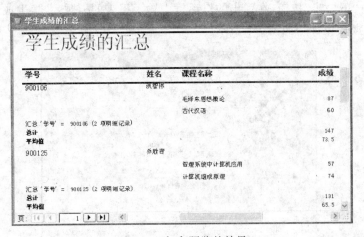

图 7-10　打印预览的效果

（2）双击标尺交叉点处的"报表选择器"，打开报表的属性对话框，设置"数据"选项卡中的"记录源"属性为"学生基本信息表"，此时会显示字段列表。然后关闭报表属性对话框。

（3）在字段列表中按住 Ctrl 键同时选中"学号"、"姓名"、"性别"、"出生日期"、"政治面貌"字段，将其拖动到报表的主体节中，此时会创建绑定到字段的文本框和其附加标签，如图 7-11 所示。

（4）单击"插入"菜单选择"页码"项，在显示的"页码"对话框中，设置"格式"为"第N 页，共 M 页"，"位置"为"页面底端（页脚）"，"对齐"为"中"，并选中首页显示页码。

（5）为创建表格式报表，按住 Shift 键同时选中主体节中所有的附加标签，单击工具栏上的"剪切"按钮，将附加标签与文本框分离，然后单击"页面页眉"节中的任一位置，单击工具栏上的"粘贴"按钮，将显示字段名称的标签添加到"页面页眉"节。

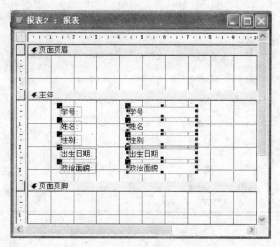

图 7-11　报表字段的添加

（6）调整各个控件的布局、大小、位置等，并调整"页面页眉"节和"主体"节的高度，如图 7-12 所示。

图 7-12　设计视图报表设计效果

（7）单击工具栏上的"预览"按钮，即可预览报表的显示效果，如图 7-13 所示。然后保存报表。

4. 报表的分组计算

操作步骤如下：

（1）首先创建包含多表中的"学号"、"姓名"、"课程名称"、"成绩"字段的查询，保存为"成绩查询"，查询的设计如图 7-14 所示。

（2）在"数据库"窗口中单击对象栏中的"报表"对象，单击"新建"按钮，在弹出的对话框中选择"设计视图"，在"请选择该对象数据的来源表或查询"下拉列表框中选择"成绩查询"，单击"确定"按钮，即显示一个空白的报表和字段列表。

（3）从字段列表中将所有字段添加到报表主体节，并选中所有的附加标签控件剪切到"页面页眉"节，调整标签、文本框控件的位置和各节的高度，如图 7-15 所示。

（4）单击工具栏上的"排序与分组"按钮，打开"排序与分组"对话框，在"字段/表达

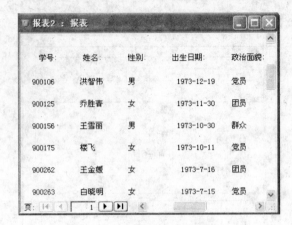

图 7-13 报表打印预览效果

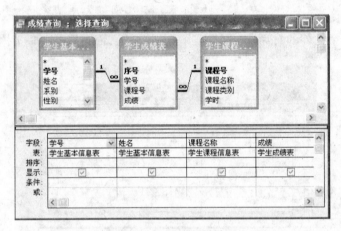

图 7-14 查询的设计

图 7-15 报表的字段的添加

式"下方的组合框中选择"学号"字段,在"排序次序"处选择"升序"。然后将组属性中的"组页眉"和"组页脚"属性均选择为"是",如图 7-16 所示。设置完成后关闭"排序与分组"对话框。

(5)将主体节中显示学号、姓名字段的文本框控件移动到"学号页眉"节显示。在"学号页脚"节添加两个文本框控件,分别修改其附加标签的"标题"属性为"平均成绩"、"总成

图 7-16　分组字段的设置

绩",对应文本框控件的"控件来源"属性分别为"＝Avg(［成绩］)"和"＝Sum(［成绩］)",
如图 7-17 所示。

图 7-17　计算控件的设置

（6）单击工具栏上的"视图"按钮,切换到"打印预览"视图查看报表的显示效果,如
图 7-18 所示,保存报表。

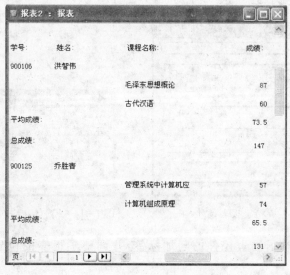

图 7-18　报表的显示效果

5. 创建主/子报表

操作步骤如下：

（1）使用报表向导创建以"学生基本信息表"为数据源的主报表，包含"学号"、"姓名"、"性别"、"出生日期"字段，并切换到报表的"设计"视图，报表的设计如图 7-19 所示。

图 7-19　学生信息主报表设计

（2）使用报表向导创建以"学生成绩表"为数据源的子报表，包含"学号"、"课程号"和"成绩"字段，并在报表的设计视图下，将"学号"、"课程号"和"成绩"对应的标签控件移动到报表页眉节，使其能够在主报表中显示，子报表的设计如图 7-20 所示。保存子报表为"学生成绩子报表"。

（3）在主报表的设计视图下，单击工具箱中的"子窗体/子报表"，添加子窗体/子报表控件，并取消子报表的向导。单击工具栏上的"属性"按钮，打开子窗体/子报表控件的属性对话框，设置"源对象"属性为"报表.学生成绩子报表"，"链接主字段"和"链接子字段"属性均为"学号"，如图 7-21 所示。

图 7-20　学生成绩子报表设计

图 7-21　子窗体/子报表控件的属性设置

（4）删除子窗体/子报表控件的附加标签，并调整子报表的位置、大小，如图 7-22 所示。

图 7-22　主/子报表的设计效果

（5）切换到"打印预览"视图查看数据的显示效果，如图 7-23 所示。

图 7-23　预览主/子报表的显示效果

【思考与练习】

1. 报表有哪几种类型？思考各种类型报表的创建方法。

2. 报表的视图有哪几种？每种视图有什么作用？

3. 报表由哪几部分组成？每一部分如何添加？是否所有页眉页脚必须成对添加？

4. 报表中记录如何实现分组,可以在哪些节添加计算型的控件? 在不同节添加的计算型的控件计算的范围有何不同?

5. 使用"报表向导"创建基于"学生基本信息表"的报表,要求通过该报表输出按性别分组的每个学生的基本信息,并按递阶的布局方式显示结果。

6. 使用"设计视图"创建报表,用于输出每门课程的所有学生的成绩信息,包括"姓名"、"课程名称"、"成绩"字段,并计算每门课程的平均分,且统计出每门课程的学生人数和该学生人数占总人数的百分比。

7. 创建报表,显示男女生的各门课程的总成绩和平均成绩,并汇总所有学生的总成绩。

实验 **8**

宏

【实验目的】

1. 熟悉 Access 中的宏对象，理解宏与 Visual Basic 代码的转换方法。
2. 掌握宏创建及操作方法。
3. 会将多个宏组成宏组，掌握宏的运行与调试方法。

【实验内容】

1. 熟悉使用宏设计窗体创建宏。
2. 熟悉创建宏组和条件宏。
3. 熟悉创建窗体事件中调用的宏。
4. 设计一个简单的教学管理系统。

【实验步骤】

1. 创建宏

【例题 8-1】 创建名为"高级职称教师"的宏，其中只有一个宏操作：打开窗体"自动创建教工情况纵栏式"。但要求只显示具有教授职称的教师（即技术职称编码末位是 1 或 2）。

操作步骤如下：

（1）在数据库窗口中，切换至"宏"对象，单击"新建"按钮。

（2）在宏编辑窗口中，在"操作"列第一行中选择"OpenForm"。

（3）在操作参数中，指定窗体名称为"自动创建教工情况纵栏式"，在 Where 条件栏中输入"[职称]="教授""，如图 8-1 所示。

（4）保存宏为"高级职称教师"，运行宏，结果如图 8-2 所示。

2. 创建宏组

【例题 8-2】 创建名为"李姓男教工"的宏，其中包括两个宏操作：打开窗体"自动创

图 8-1　高级职称教师的宏

图 8-2　"高级职称教师"宏执行的结果

建教工情况表格式";显示消息框(宏命令是:MsgBox;消息是:运行成功)。要求只显示姓李的男教工。

操作步骤如下:

(1) 在数据库窗口中,切换至"宏"对象,单击"新建"按钮。

(2) 在宏编辑窗口中,在"操作"列第一行中选择"OpenForm"。

(3) 设置 OpenForm 的操作参数,指定窗体名称为"自动创建教工情况表格式",视图为"窗体",在 Where 条件栏中输入"[姓名] Like "李 * " And [性别]="男"",如图 8-3 所示。

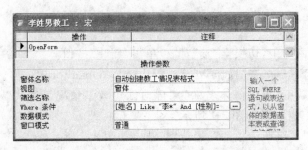

图 8-3　"李姓男教工"的宏

(4) 在"操作"列第二行中选择"MsgBox"。

（5）设置 MsgBox 的操作参数,在消息栏中输入"运行成功",如图 8-4 所示。

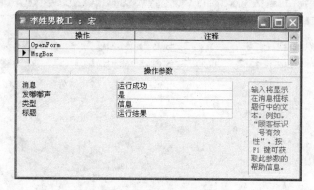

图 8-4　消息框宏

（6）保存宏为"李姓男教工"。

运行宏,结果如图 8-5 和图 8-6 所示。

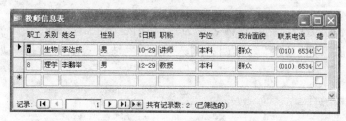

图 8-5　运行结果

图 8-6　消息宏

【例题 8-3】　创建名为"学生情况管理"的宏组,其中包括 3 个宏,每个宏有多个宏操作,这 3 个宏的详细名称及包含的宏操作如表 8-1 所示。

表 8-1　"学生情况管理"宏组中的宏操作

宏　名	宏操作命令	打开的窗体名称	数据模式
查看学生情况	OpenForm、Maximize、Beep	自动创建学生情况表格式	只读
输入学生情况	OpenForm、Beep	自动创建学生情况纵栏式	增加
修改学生情况	OpenForm、SetValue	自动创建学生情况纵栏式	编辑

操作步骤如下:

（1）在数据库窗口中,切换至"宏"对象,单击"新建"按钮。

（2）在宏编辑窗口中,选择"视图"菜单的"宏名"菜单项,添加"宏名"列。

（3）在"宏名"列第一行中输入"查看学生情况",在"操作"列第一行中选择"OpenForm",如图 8-7 所示。

（4）设置"OpenForm"操作参数（1）,指定窗体名称为"自动创建学生情况表格式",视图为"窗体",数据模式为"只读",在"注释"列第一行输入"查看学生情况",如图 8-8 所示。

（5）在"操作"列第二行中选择"Maximize",在"操作"列第三行中选择"Beep",在"宏

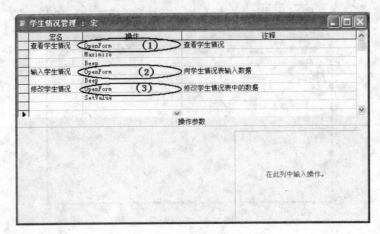

图 8-7　"学生情况管理"宏应用

名"列第四行中输入"输入学生情况",在"操作"列第四行选择"OpenForm",如图 8-7 所示。

(6)设置"OpenForm"操作参数(2),指定窗体名称为"自动创建学生情况纵栏式",视图为"窗体",数据模式为"增加",在"注释"列第四行输入"向学生情况表输入数据",如图 8-9 所示。

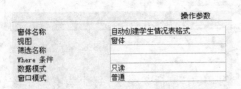

图 8-8　"OpenForm"操作参数(1)

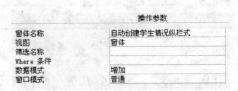

图 8-9　"OpenForm"操作参数(2)

(7)在"操作"列第五行选择"Beep",在"宏名"列第六行输入"修改学生情况",在"操作"列第六行选择"OpenForm",如图 8-7 所示。

(8)设置"OpenForm"操作参数(3),指定窗体名称为"自动创建学生情况纵栏式",视图为"窗体",数据模式为"编辑",在"注释"列第六行输入"修改学生情况表中的数据",如图 8-10 所示。

(9)在"操作"列第七行选择"SetValue",设置 SetValue 操作参数,在项目栏中输入"[Forms]![自动创建学生成绩纵栏式].[AllowAdditions]",在表达式栏输入"False",如图 8-11 所示。保存宏为"学生情况管理"。

图 8-10　"OpenForm"操作参数(3)

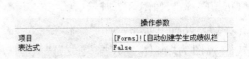

图 8-11　"SetValue"的参数设置

3．创建窗体事件中调用的宏

【例题 8-4】 设计一个窗体调用例题 8-3 中的宏。

操作步骤如下：

（1）在数据库窗口中，切换至"窗体"对象，双击"在设计视图中创建窗体"，打开窗体设计视图。

（2）在窗体主体部分添加 3 个命令按钮，注意取消命令按钮向导。

（3）分别设置 3 个按钮的标题为"查看学生情况"、"输入学生情况"、"修改学生情况"，如图 8-12 所示。

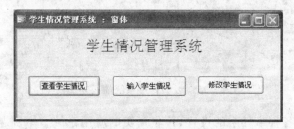

图 8-12 学生情况管理系统

（4）分别设置 3 个按钮的单击事件为宏"学生情况管理.查看学生情况"、"学生情况管理.输入学生情况"、"学生情况管理.修改学生情况"，如图 8-13 所示。

图 8-13 3 个按钮单击事件中选择的宏操作

（5）打开窗体的属性设置对话框，切换至"格式"选项卡，将窗体的"记录选择器"和"导航按钮"设置为"否"，将"最大最小化按钮"设置为"无"，如图 8-14 所示。

（6）保存窗体为"窗体_学生情况管理"。

（7）打开窗体，分别单击 3 个按钮，查看结果。

4．设计一个简单的教学管理系统

【例题 8-5】 设计一个简单的教学管理系统，通过宏实现主界面与其他界面的转换。系统主界面的部分功能如图 8-15 所示。

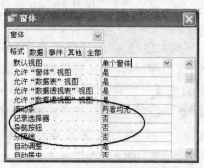

图 8-14 窗体属性的设置

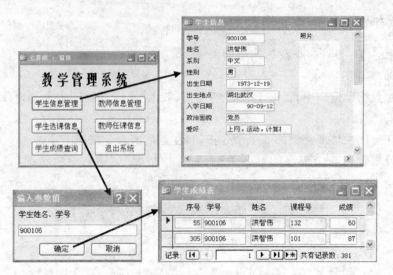

图 8-15 教学管理系统简要功能图

本示例仅说明各种事件宏的设置,并非真实的应用系统。本例题的操作包含 3 个部分:设计各界面窗体、设计宏操作、在窗体按钮事件中添加宏。为实现系统要求,先分别设计各个窗体,包括主窗体、学生信息窗体、查询成绩窗体、学生选课窗体、教师信息窗体、教师任课信息窗体。退出系统时弹出的"信息提示"窗体由宏操作实现。

操作步骤如下:

(1) 单击主窗体中的"学生信息管理"按钮,再单击工具栏中的"属性"按钮,弹出设计主窗体,如图 8-16 所示,包含一个标签和 6 个命令按钮。分别单击各按钮即可执行对应宏,根据宏操作内容分别显示相应的界面。

(2) 编写"学生信息管理"按钮事件中的宏,宏名为"打开学生信息窗体",见图 8-17 左侧的宏设计。将命令按钮 Command1 的"单击"事件设置为宏"打开学生信息窗体",如图 8-17 所示命令按钮属性的设置。

(3) 编写"学生选课信息"按钮事件中的宏,宏名为"打开学生选课窗体",见图 8-18 左侧的宏设计。将命令按钮 Command2 的"单击"事件设置为宏"打开学生选课窗体",命令按钮属性的设置如图 8-18 所示。

图 8-16 系统主界面设计

(4) 按照以上方法编写和设置"学生成绩查询"、"教师信息管理"、"教师任课信息"和"退出系统"的按钮事件中的宏,并在各按钮属性事件中选择对应的宏操作。

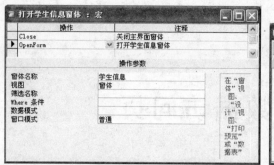

图 8-17 "学生信息管理"按钮的宏设计与按钮属性

图 8-18 "学生选课信息"按钮的宏设计与按钮属性

【思考与练习】

1. "宏"的作用有哪些？

2. 除了实验中介绍的事件之外,宏还能响应哪些事件？

3. 结合教材和实验内容,有哪些常用的宏操作命令？这些宏操作命令分别是如何使用的？

4. 既然可以使用宏来执行操作,为什么 Access 中还提供了 VBA 程序设计来执行操作？使用宏还是 VBA,取决于什么条件？

5. 怎样才能把宏的操作转换为相应的模块代码？

6. 如果有多个操作构成的宏,到底执行其中的哪个操作？依据是什么？

实验 9

创建数据访问页

【实验目的】

1. 熟悉利用"自动创建数据页：纵栏式"向导创建数据访问页的方法。
2. 熟悉在设计视图中修改数据访问页的方法，包括添加标题、设置主题等。
3. 熟悉在设计视图中添加滚动文字等控件。
4. 熟悉利用"数据页向导"创建带有分组级别和排列次序的数据访问页的方法。

【实验内容】

1. 利用"自动创建数据页：纵栏式"创建"学生基本信息"数据访问页。
2. 创建"按系别查看教师信息"数据访问页。

【实验步骤】

1. 利用"自动创建数据页：纵栏式"创建"学生基本信息"数据访问页

【例题 9-1】 以"学生基本信息表"为数据源，利用"自动创建数据页：纵栏式"创建"学生基本信息"数据访问页，在设计视图中添加"学生基本信息"标签，并设置主题为"冰川"。

（1）在"数据库"窗口中"对象"列表下选择"页"，单击"新建"按钮，打开"新建数据访问页"对话框。

（2）在"新建数据访问页"对话框的列表中选择"自动创建数据页：纵栏式"，在数据源组合框中选择"学生基本信息表"，如图 9-1 所示。

（3）单击"确定"按钮，弹出如图 9-2 所示的页视图，单击"工具栏"上的视图切换按钮，切换到设计视图，如图 9-3 所示。

（4）单击"单击此处并键入标题文字"标志，输入标题为"学生信息表"，并调整数据访问页尺寸，如图 9-4 所示。

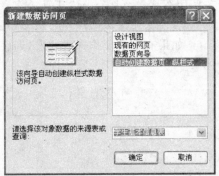

图 9-1 "新建数据访问页"对话框

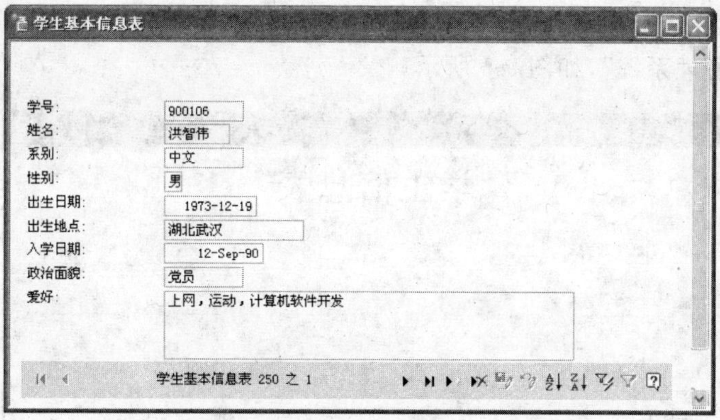

图 9-2 页视图

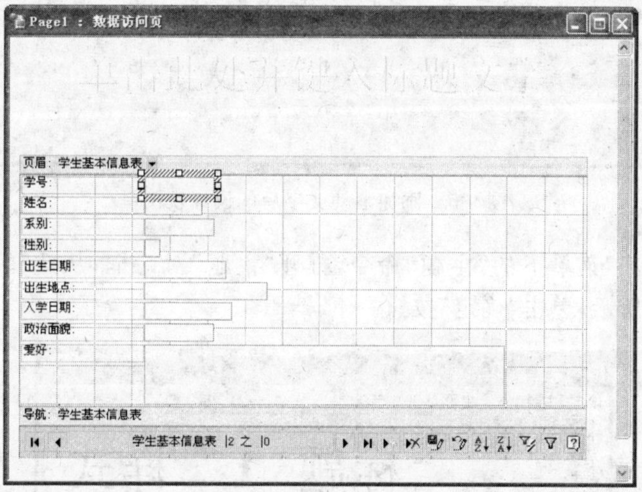

图 9-3 设计视图

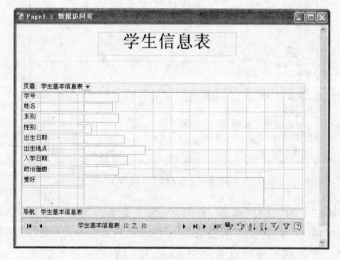

图 9-4 添加标题后的设计视图

（5）单击工具栏中的 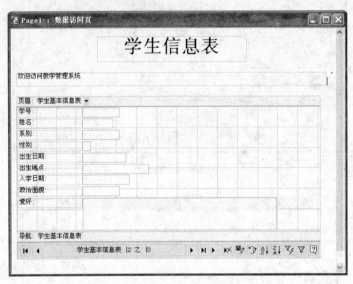 按钮，在设计视图的标题文字下添加滚动文字，文本内容为"欢迎访问教学管理系统"，如图 9-5 所示。

图 9-5　添加滚动文字后的设计视图

（6）选择"格式"菜单下的"主题"命令，打开"主题"对话框，从选择主题列表中选择"冰川"，如图 9-6 所示，单击"确定"按钮。

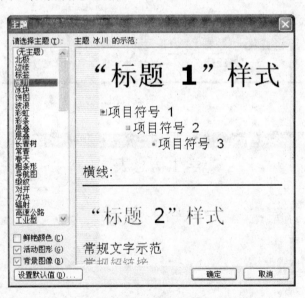

图 9-6　"主题"对话框

（7）单击工具栏上的"保存"按钮，打开"另存为数据访问页"对话框，确定保存位置，并在"文件名"框中输入"学生基本信息表"，如图 9-7 所示，单击"保存"按钮，完成数据访问页的设计过程。切换到页视图查看结果，如图 9-8 所示。

图 9-7 "另存为数据访问页"对话框

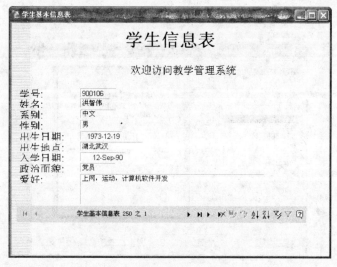

图 9-8 "学生基本信息表"数据访问页

2. 创建"按系别查看教师信息"数据访问页

【例题 9-2】 以"教师信息表"为数据源,利用"数据页向导"创建"按系别查看教师信息"数据访问页,设置分组为"系别"字段,排序依据为"职工号"字段。在设计视图中添加"按系别查看教师信息"标签。

操作步骤如下:

(1)在"数据库"窗口中"对象"列表下选择"页",双击右边子对象列表中的"使用向导创建数据访问页",打开"数据页向导"第一个对话框,在"表/查询"组合框中选择"表:教师信息表",单击 >> 按钮,将"可用字段"列表中的全部字段加入到"选定的字段"列表中,如图 9-9 所示。

(2)单击"下一步"按钮,打开"数据页向导"第二个对话框,双击字段列表中的"系别"字段,将它设置为分组级别,如图 9-10 所示。

(3)单击"下一步"按钮,打开"数据页向导"第三个对话框,在第一个空白组合框中选

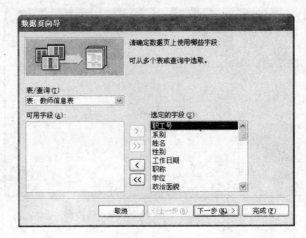

图 9-9 "数据页向导"第一个对话框

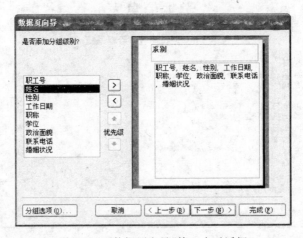

图 9-10 "数据页向导"第二个对话框

择"职工号"作为排序依据,如图 9-11 所示。

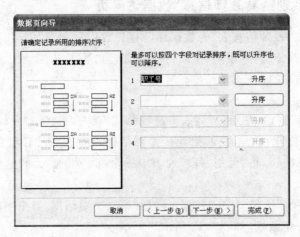

图 9-11 "数据页向导"第三个对话框

(4) 单击"下一步"按钮,打开"数据页向导"第四个对话框,为数据页指定标题为"按系别查看教师信息",如图 9-12 所示。

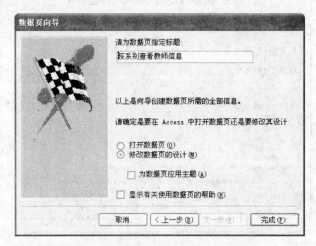

图 9-12 "数据页向导"第四个对话框

(5) 单击"完成"按钮,打开数据访问页设计视图,如图 9-13 所示。

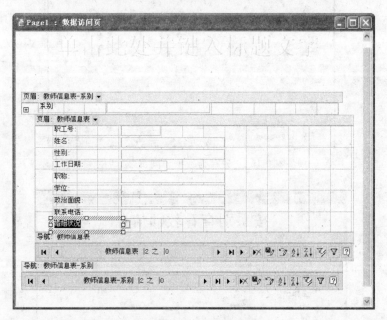

图 9-13 数据访问页设计视图

(6) 单击"单击此处并键入标题文字"标志,输入标题"按系别查看教师信息",调整字号为 26pt,如图 9-14 所示。

(7) 单击工具栏上的"保存"按钮,打开"另存为数据访问页"对话框,确定保存位置,并在"文件名"框中输入"按系别查看教师信息",如图 9-15 所示,单击"保存"按钮,结果如图 9-16 所示。

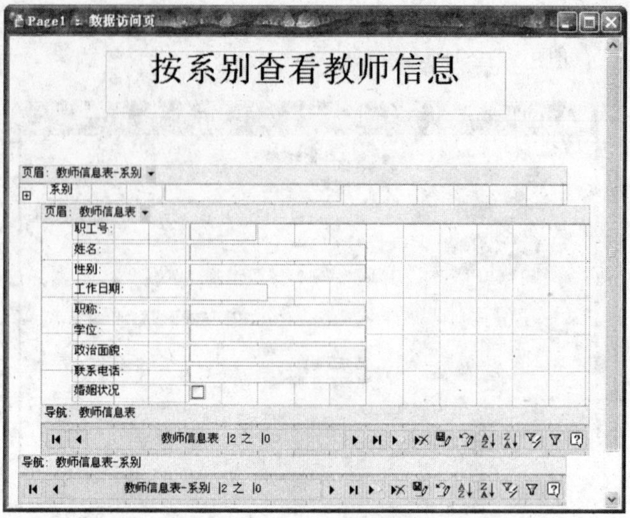

图 9-14　设计好的数据访问页

图 9-15　"另存为数据访问页"对话框

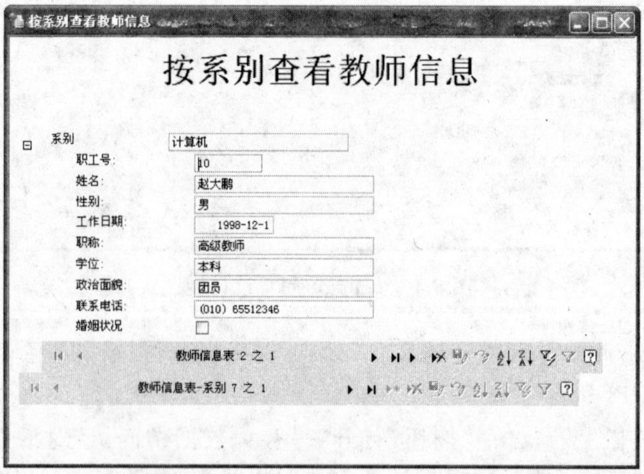

图 9-16　设计好的数据访问页

【思考与练习】

1. Access 中"数据访问页"对象的主要作用有哪些？

2. 比较 Access 中"数据访问页"对象与其他对象在存储方式上有什么不同？为什么数据访问页需要单独存储？

3. "自动创建数据访问页"和"使用向导创建数据访问页"这两种方法同"使用设计视图创建数据访问页"相比,具有哪些优点？

4. 既然能够利用"自动创建"方式和"向导"方式创建数据访问页,为什么还要提供数据访问页的设计视图？

实验 **10**

VBA 程序设计

【实验目的】

1. 了解 VBA 的功能,熟悉 VBE 开发环境。
2. 掌握 VBA 程序设计的基本语法知识。
3. 掌握程序设计的 3 种基本结构。
4. 掌握 VBA 中模块和过程的使用。

【实验内容】

1. 了解 VBA 的功能,熟悉 VBE 开发环境。
2. 编写 VBA 语句。
3. 创建事件过程。
4. 创建过程。

【实验步骤】

1. VBA 的编程环境

通过单击数据库窗口"对象"栏下的"模块"按钮,选择需要编写或修改的模块,即弹出一个编写 VBA 程序的窗口,如图 10-1 所示。

2. 编写 VBA 语句

VBA 语句是一个完整的结构单元,它代表一种操作、声明或定义。一条语句通常占一行,用户也可以使用冒号在一行中包含多条语句。如果一条语句过长,用户可以使用行继续符(下划线)结束,在下一行接着写。

VBA 中语句分为 3 种。

(1) 声明语句:在声明语句中,用户可以给变量、常数或程序取名称,并且指定数据类型。

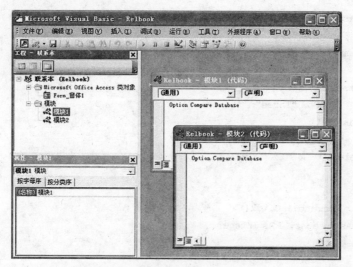

图 10-1　VBA 开发环境

（2）赋值语句：用于指定变量或变量的值，指定变量为某一表达式。

（3）执行语句：在 VBA 语句中，一条执行语句可以执行初始化操作，也可以执行一个方法或函数，并且可以循环或从代码块中分支执行。

3. 创建事件过程

下面是一个综合性的例子，如图 10-2 所示。

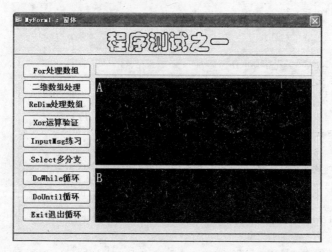

图 10-2　VBA 综合实例

代码如下：

```
Option Compare Database
Private Sub Command10_Click()
    X= InputBox("Please enter X")
    Select Case X
```

```
            Case "1"
                MsgBox "One"
            Case "2"
                MsgBox "Two"
            Case "3"
                MsgBox "Three"
            Case "4"
                MsgBox "Best"
        End Select
End Sub


Private Sub Command11_Click()
    Dim I As Integer, J As Integer
    I=21
    J=21
    Form_MyForm1!Label5.Caption=""
    Do While I<=20
        Form_MyForm1!Label5.Caption=Form_MyForm1!Label5.Caption & I & ","
        I=I+1
    Loop
    Form_MyForm1!Label16.Caption=""
    Do
        Form_MyForm1!Label16.Caption=Form_MyForm1!Label16.Caption & J & ","
        J=J+1
    Loop While J<=20
End Sub


Private Sub Command12_Click()
    Dim I As Integer, J As Integer
    I=1
    J=1
    Form_MyForm1!Label5.Caption=""
    Do Until I>20
        Form_MyForm1!Label5.Caption=Form_MyForm1!Label5.Caption & I & ","
        I=I+1
    Loop
    Form_MyForm1!Label16.Caption=""
    Do
        Form_MyForm1!Label16.Caption=Form_MyForm1!Label16.Caption & J & ","
        J=J+1
    Loop Until J>20
End Sub


Private Sub Command13_Click()
    Dim I As Integer, J As Integer
    J=InputBox("请输入要查找的值")
```

```
    For I=1 To 100
        If I=J Then
        Exit For
        End If
    Next I
    If I<=100 Then
        MsgBox ("找到!")
    Else
      MsgBox ("未找到!")
    End If
End Sub


Private Sub Command2_Click()
    Static Numbers(1 To 15) As Integer
    Dim I As Integer
    Form_MyForm1!Label5.FontSize=16
    Form_MyForm1!Label5.BackColor=8404992
    Form_MyForm1!Label5.Caption=""
    For I=1 To 15
        Numbers(I)=I
        Form_MyForm1!Label5.Caption=Form_MyForm1!Label5.Caption & Numbers(I)&""
        Form_MyForm1!Text0.Value=Numbers(I)
    Next I
End Sub


Private Sub Command6_Click()
    Dim I As Integer, J As Integer
    Static Aa(19, 19) As Integer
    Form_MyForm1!Label5.BackColor=4194432
    Form_MyForm1!Label5.FontSize=9
    Form_MyForm1!Label5.Caption=""
    For I=0 To 19
        For J=0 To 19
                Aa(I, J)=20
                Form_MyForm1!Label5.Caption=Form_MyForm1!Label5.Caption & Aa(I, J)&""
        Next J
    Next I
End Sub
Private Sub Command7_Click()
    Dim Aa() As Integer
    Dim I As Integer, J As Integer
    ReDim Aa(7, 5)
    Form_MyForm1!Label5.Caption=""
    For I=0 To 7
        For J=0 To 5
                Aa(I, J)=I * J
```

```
                    Form_MyForm1!Label5.Caption=Form_MyForm1!Label5.Caption & Aa(I, J)&""
        Next J
        Form_MyForm1!Label5.Caption=Form_MyForm1!Label5.Caption&","
    Next I

    ReDim Aa(9, 2)
    Form_MyForm1!Label16.Caption=""
    For I=0 To 9
        For J=0 To 2
                Aa(I, J)=2 * I * J
                Form_MyForm1!Label16.Caption=Form_MyForm1!Label16.Caption & Aa(I, J)&""
        Next J
        Form_MyForm1!Label16.Caption=Form_MyForm1!Label16.Caption&","
    Next I
End Sub
Private Sub Command8_Click()
    Dim a, b, c
    a= InputBox("Please enter a")
    b= InputBox("Please enter b")
    c= a Xor b
    Form_MyForm1!Text0.Value=c
End Sub
Private Sub Command9_Click()
    Dim Money As Currency
    Money= InputBox("Please enter Money")
    If Money> 10000 Then
        Tax=Money * 0.2
    ElseIf Money> 1000 Then
        Tax=Money * 0.15
    Else
    Tax=Money * 0.1
End If
cont=MsgBox("应缴税金为" & Tax & "确定按是,不确定按否查看帮助", 4+48)
If cont= 6 Then
Else
    MsgBox ("不理解也得理解!!!")
End If
End Sub
```

4. 创建过程

事件过程是 VBA 编程的核心,但有时还需要利用 VBA 中的两类通用过程:
Function 过程和 Sub 过程,对事件过程加以改进,以提高代码的可读性和可维护性。

1) Function 过程

如果用户需要在窗体或报表中重复使用某一表达式,可以使用一个函数过程代替这个表达式,运行结果如图 10-3 所示。

例如:

图 10-3　运行结果图

```
Function Summ(x, y) As Integer
Summ=x+y
End Function


Private Sub Command2_Click()
  Dim a As Integer, b As Integer, c As Integer
  a=InputBox("请输入 a")
  b=InputBox("请输入 b")
  c=Summ(a, b)
  MsgBox ("c=a+b=" & a & "+" & b & "=" & c)
Form_MyForm2!Label5.Caption="c=a+b=" & a & "+" & b & "=" & c
End Sub
```

2) Sub 过程

Sub 过程的定义与 Function 过程的定义类似,它们的重要区别在于,Sub 过程没有返回值,不能用于表达式中。

```
Function Summ(x, y) As Integer
    Summ=x+y
End Function


Sub subSumm()
  Dim a As Integer, b As Integer, c As Integer
  a=InputBox("请输入 a")
  b=InputBox("请输入 b")
  c=Summ(a, b)
  MsgBox ("c=a+b=" & a & "+" & b & "=" & c)
Form_MyForm2!Label16.Caption="c=a+b=" & a & "+" & b & "=" & c
End Sub
Private Sub Command2_Click()
    Call subSumm
End Sub
```

【思考与练习】

1. 输出指定年份每个月的第一天是星期几。
2. 判断某个数字是否是素数。
3. 利用过程对输入的 N 个数字按从大到小的顺序排序。

实验 **11**

在 VBA 程序中访问数据库

【实验目的】

1. 掌握 VBA 访问数据库的基本方法。
2. 掌握 ADO 对象的使用方法。
3. 掌握 VBA 程序的调试方法。

【实验内容】

1. 了解 ADO 对象的使用方法。
2. 了解 VBE 环境的程序调试方法。

【实验步骤】

1. 编程显示所有不及格学生学号及姓名

（1）添加一个新窗体，设置名称和标题为"不及格学生信息"，并向窗体中添加命令按钮 cmdDisplay，设置标题为"显示"，如图 11-1 所示。

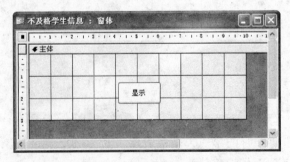

图 11-1　"不及格学生信息"窗体设计视图

（2）添加命令按钮单击事件代码。

```
Private Sub cmdDisplay_Click()
```

```
Dim cn As ADODB.Connection
Dim rs As New ADODB.Recordset
Dim s As String
Set cn=CurrentProject.Connection
s=""
rs.Open "select 学号,姓名 from 学生基本信息表 inner join 学生成绩表
on 学生基本信息表.学号=学生成绩表.学号 where 成绩<60", cn, 1, 1
Do While Not rs.Eof
    s=s & "学号:"& rs(0) & ";姓名:" & rs(1)& vbCrLf
    rs.MoveNext
Loop
rs.Close
Set rs=Nothing
s="不及格学生信息"& vbCrLf & s
Msgbox s
End Sub
```

（3）运行"不及格学生信息"窗体，单击命令按钮，显示所有不及格学生信息。程序结果如图 11-2 所示。

2. 编程将所有学生的成绩增加 10%

（1）添加一个新窗体，设置名称和标题为"提高学生成绩"。

（2）向窗体中添加命令按钮 cmdAdd，设置标题为"提高学生成绩"，如图 11-3 所示。

图 11-2　单击命令按钮显示结果

图 11-3　"提高学生成绩"窗体设计视图

（3）添加命令按钮单击事件代码。

```
Private Sub cmdAdd_Click()
    Dim cn As ADODB.Connection
    Dim rs As New ADODB.Recordset
```

```
    Dim score As Integer
    Set cn=CurrentProject.Connection
    rs.Open "select * from 学生成绩表", cn, 1, 3
    Do While Not rs.Eof
        score=rs("成绩")
        score=score * 1.1
        If score>100 Then score=100
        rs("成绩")=score
        rs.Update
        rs.MoveNext
    Loop
    rs.Close
    Set rs=Nothing
End Sub
```

【思考与练习】

1. ADO 中包含哪些对象？这些对象之间有什么关系？
2. Recordset 对象和 Connection 之间有什么关系？
3. 设计并制作"学生课程成绩管理"窗体，实现学生课程成绩管理功能。
4. 自己动手编写一个通过"ADO"访问"图书管理"数据库的子过程 ADOLink()。

简单教学管理系统设计

【实验目的】

1. 了解数据库管理信息系统项目的分析、开发和实施过程。
2. 了解 VBA 数据库程序的设计方法和调试方法。
3. 了解软件测试与维护的方法。

【实验内容】

掌握基于数据库的小型管理信息系统的分析、设计、开发和测试。

【实验步骤】

1. 需求分析

"教学管理系统"应具有以下的模块,实现相应的信息管理功能:

(1) 用户登录的功能:每个系统用户应该具有自己的用户名和密码。

(2) 查询信息功能:查询用户需要的数据信息。

(3) 信息管理功能:浏览、修改、保存、删除、添加相应的数据信息。

(4) 退出功能:结束系统的运行。

2. 系统设计

1) 总体设计

(1) 对于"教学管理系统",划分为六大模块,其中查询模块可细分为 4 个部分,信息管理模块可细分为两个部分,具体如下:

① 用户登录的模块:系统对输入用户名和密码的检验,使用户登录系统,并确定用户身份。

② 主界面模块:是"教学管理系统"的操作平台,实现用户对系统的操作,实现人机对话和交流。

③ 查询模块：教师可以查询教师的基本信息和任课信息，学生可以查询学生的基本信息和选课信息。

④ 信息管理模块：管理教师基本信息和学生基本信息。

⑤ 学生成绩录入模块：供任课教师输入某一门课程的学生成绩。

⑥ 学生选课模块：学生可通过该功能选修相应课程。

（2）模块之间的调用关系：用户登录的模块调用主界面模块，主界面模块选择调用查询模块、信息管理模块、学生成绩录入模块和学生选课模块。查询模块选择调用其 4 个子模块，信息管理模块选择调用其两个子模块。

（3）设计模块应该考虑到用户所提交的操作是否合法，是否实现给出相应的提示信息，增加人机交互，实现人机对话。

2）数据结构设计

（1）创建"教学数据库.mdb"，其中包含 6 张表，分别是"教师任课信息表"、"学生基本信息表"、"教师基本信息表"、"学生成绩表"、"学生课程信息表"和"用户"，各表结构如表 12-1 至 12-6 所示。

表 12-1 "教师任课信息表"结构

字段名	类型	字段大小	说明	字段名	类型	字段大小	说明
序号	自动编号	长整型	主键	职工号	文本	10	
课程号	文本	3					

表 12-2 "学生基本信息表"结构

字段名	类型	字段大小	说明
学号	文本	10	
姓名	文本	8	
系别	文本	10	
性别	文本	1	
出生日期	日期/时间	8	
出生地点	文本	20	
入学日期	日期/时间	8	
政治面貌	文本	10	
爱好	备注		
照片	OLE 对象		

表 12-3 "教师基本信息表"结构

字段名	类型	字段大小	说明
职工号	文本	10	主键
系别	文本	10	
姓名	文本	8	
性别	文本	1	
参加工作时间	日期/时间	8	
职称	文本	10	
学位	文本	10	
政治面貌	文本	10	
联系电话	文本	15	
婚姻状况	是/否	1	

表 12-4 "学生成绩表"结构

字段名	类型	字段大小	说明
序号	自动编号	长整型	主键
学号	文本	6	
课程号	文本	3	
成绩	数字	单精度型	

表 12-5 "学生课程信息表"结构

字段名	类型	字段大小	说明
课程号	文本	3	主键
课程名称	文本	20	
课程类型	文本	8	
学时	数字	整型	

表 12-6 "用户"结构

字段名	类型	字段大小	说明	字段名	类型	字段大小	说明
序号	自动编号	长整型	主键	password	文本	30	
username	文本	30					

(2) 表间关系：教师基本信息表.职工号——教师任课信息表.职工号

教师任课信息表.课程号——学生课程信息表.课程号

学生课程信息表.课程号——学生成绩表.课程号

学生成绩表.学号——学生基本信息表.学号

(3) 参照完整性为："级联更新"和"级联删除"。

3. 功能实现

1）创建数据库及其中的表，创建数据表之间的关系

如图 12-1 和图 12-2 所示。

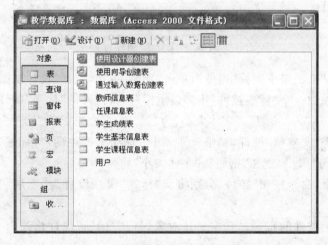

图 12-1 "教学数据库"和建立的数据表

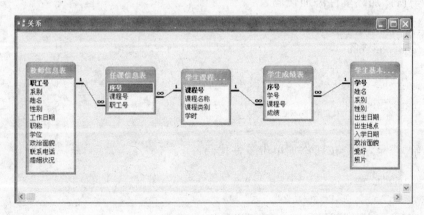

图 12-2 关系状态图

2）数据录入

分别在这6个表中添加相应的数据记录。详细步骤可参照《Access 数据库程序设计》第2章相关内容。

3）创建"登录"窗体

创建"登录"窗体，如图12-3所示。

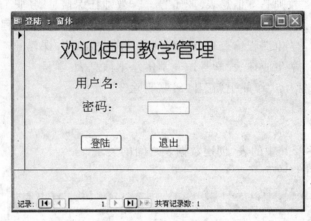

图12-3 "登录"窗体

（1）在"对象"选项组中选择"窗体"，单击"新建"按钮，选择"设计视图"。

（2）为窗体添加一个"标签控件"用来显示标题，将控件的"标题"属性设置为"欢迎使用教学管理"，"字体"为"幼圆"，"字体大小"为"24"，"对齐方式"为"居中"。

（3）添加两个"文本框"控件，调整尺寸大小。附带会产生两个"标签"控件，分别将其"标签"属性设置为"用户名"和"密码"，"字体大小"均为"16"。

（4）添加两个"命令按钮"控件，分别将其"标签"属性设置为"登录"和"退出"，"字体大小"均为"12"。

（5）调整各个控件的布局。选定窗体对象，将其"标题"属性修改为"登录"。保存窗体，命名为"登录"。

（6）给窗体加载事件添加代码。

```
Private Sub Form_Load()
    Text1.SetFocus
    Text1.Text=""
    Text3.SetFocus
    Text3.Text=""
End Sub
```

（7）给"登录"命令按钮添加单击事件代码。

```
Private Sub Command5_Click()
    Dim cn As ADODB.Connection
    Dim rs As New ADODB.Recordset
    Dim username As String
```

```
        Dim password As String
        Dim sql As String
        Dim bool1 As Boolean
        Set cn=CurrentProject.Connection
        bool1=False
        Text1.SetFocus
        username=Text1.Text
        Text3.SetFocus
        password=Text3.Text
        sql="select * from 用户"
        rs.Open sql, cn
        rs.MoveFirst
        Do While Not rs.EOF
        If rs.Fields("username")=username And rs.Fields("password")=password Then
            bool1=True
            MsgBox "登录成功"
            DoCmd.Close
            DoCmd.OpenForm "主界面"
        Exit Do
        End If
        rs.MoveNext
        Loop
    If bool1=False Then
        MsgBox "登录失败"
        Text1.SetFocus
        Text1.Text=""
        Text3.SetFocus
        Text3.Text=""
    End If
    rs.Close
    cn.Close
    Set rs=Nothing
End Sub
```

（8）给"退出"命令按钮添加单击事件代码。

```
Private Sub Command6_Click()
    DoCmd.Close
End Sub
```

4）创建"主界面"窗体

创建"主界面"窗体，如图 12-4 所示。

（1）进入窗体"设计视图"，为窗体添加一个"标签"控件、6 个"命令按钮"控件、两个"组合框"控件、两个"矩形"控件。

（2）将"标签"控件的"标题"属性设置为"欢迎使用教学管理信息系统"，"字体"为"幼

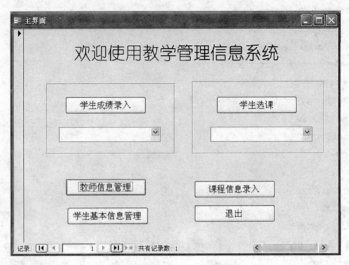

图 12-4 "主界面"窗体

圆","字体大小"为"24"。

（3）将 6 个"命令按钮"控件的"宽度"属性设置为"4cm","高度"为"0.85cm","字体大小"为"12",分别设置"标题"为"学生成绩录入"、"学生选课"、"教师信息管理"、"学生基本信息管理"、"课程信息录入"和"退出"。

（4）将两个"组合框"控件的"宽度"属性设置为"5cm","高度"为"0.7cm","行来源类型"为"值列表"。第一个组合框"行来源"属性设置为"教师基本信息查询；教师任课信息查询"。第二个组合框"行来源"属性设置为"学生基本信息查询；学生选课信息查询"。

（5）调整两个"矩形"控件的大小。

（6）调整各个控件的布局。选定窗体对象,将其"标题"属性修改为"主界面"。保存窗体,命名为"主界面"。

（7）给窗体的 6 个"命令按钮"的单击事件添加事件代码。

```
Private Sub Command1_Click()
    DoCmd.Close
    DoCmd.OpenForm "学生成绩录入"
End Sub
Private Sub Command2_Click()
    DoCmd.Close
    DoCmd.OpenForm "学生选课"
End Sub
Private Sub Command3_Click()
    DoCmd.Close
    DoCmd.OpenForm "教师信息管理"
End Sub
Private Sub Command4_Click()
    DoCmd.Close
```

```
        DoCmd.OpenForm "学生基本信息管理"
End Sub
Private Sub Command5_Click()
        DoCmd.Close
        DoCmd.OpenForm "课程信息录入"
End Sub
Private Sub Command6_Click()
        DoCmd.Close
End Sub
```

（8）给窗体的两个"组合框"添加 BeforeUpdate 事件代码。

```
Private Sub Combo7_BeforeUpdate(Cancel As Integer)
If Combo8.Value= "教师基本信息查询" Then
        DoCmd.Close
        DoCmd.OpenForm "教师基本信息查询"
Else
        If Combo7.Value= "教师任课信息查询" Then
                DoCmd.Close
                DoCmd.OpenForm "教师任课信息查询"
        End If
End If
End Sub
Private Sub Combo9_BeforeUpdate(Cancel As Integer)
If Combo8.Value= "学生基本信息查询" Then
        DoCmd.Close
        DoCmd.OpenForm "学生基本信息查询"
Else
        If Combo9.Value= "学生选课信息查询" Then
                DoCmd.Close
                DoCmd.OpenForm "学生选课信息查询"
        End If
End If
End Sub
```

5）创建"教师信息管理"窗体

创建"教师信息管理"窗体，如图 12-5 所示。

（1）进入窗体"设计视图"，为窗体添加 11 个"标签"控件、10 个"命令按钮"控件、一个"复选框"控件、一个"矩形"控件。

（2）调整好各个控件的位置、标题文字的大小，设置相应属性。保存并将窗体命名为"教师信息管理"。

（3）定义模块级变量。

```
Option Compare Database
Dim cn As ADODB.Connection
```

```
Dim rs As New ADODB.Recordset
Dim sql As String
'定义全局变量 emp_no,用来存放当前记录的职工号字段的值
Dim emp_no As String
```

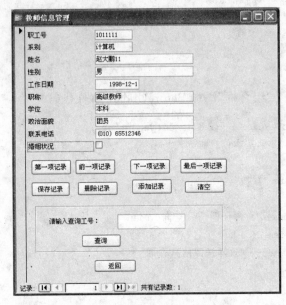

图 12-5　"教师信息管理"窗体

（4）给窗体加载事件添加代码。

```
Private Sub Form_Load()
    'Recordset 对象 Locktype 属性默认值为 adLockReadOnly(只读),将 Locktype 属性值改变
    为 adLockOptimistic(开放式锁定)
    rs.LockType=adLockOptimistic
    Set cn=CurrentProject.Connection
    sql="select * from 教师信息表"
    rs.Open sql, cn
    rs.MoveFirst
    emp_no=rs.Fields(0)
    '显示信息
    职工号.SetFocus
    职工号.Text=rs.Fields(0)
    系别.SetFocus
    系别.Text=rs.Fields(1)
    姓名.SetFocus
    姓名.Text=rs.Fields(2)
    性别.SetFocus
    性别.Text=rs.Fields(3)
    工作日期.SetFocus
```

Access 数据库程序设计实验指导

```
    工作日期.Text=Str(rs.Fields(4))
    职称.SetFocus
    职称.Text=rs.Fields(5)
    学位.SetFocus
    学位.Text=rs.Fields(6)
    政治面貌.SetFocus
    政治面貌.Text=rs.Fields(7)
    联系电话.SetFocus
    联系电话.Text=rs.Fields(8)
    婚姻状况.SetFocus
    婚姻状况.Value=rs.Fields(9)
    '显示信息结束
End Sub
```

（5）给"第一条记录"命令按钮添加单击事件代码。

```
Private Sub Command20_Click()
    rs.MovePrevious
    If rs.BOF Then
        MsgBox "已经定位在第一条记录了"
        rs.MoveNext
    Else
        rs.MoveFirst
        '显示信息
        职工号.SetFocus
        职工号.Text=rs.Fields(0)
        系别.SetFocus
        系别.Text=rs.Fields(1)
        姓名.SetFocus
        姓名.Text=rs.Fields(2)
        性别.SetFocus
        性别.Text=rs.Fields(3)
        工作日期.SetFocus
        工作日期.Text=Str(rs.Fields(4))
        职称.SetFocus
        职称.Text=rs.Fields(5)
        学位.SetFocus
        学位.Text=rs.Fields(6)
        政治面貌.SetFocus
        政治面貌.Text=rs.Fields(7)
        联系电话.SetFocus
        联系电话.Text=rs.Fields(8)
        婚姻状况.SetFocus
        婚姻状况.Value=rs.Fields(9)
        '显示信息结束
```

```
    End If
    emp_no=rs.Fields(0)
End Sub
```

给"前一项记录"命令按钮添加单击事件代码。

```
Private Sub Command21_Click()
    rs.MovePrevious
    If rs.BOF Then
        MsgBox "已经定位在第一条记录了,不能再向前浏览了"
        rs.MoveNext
    Else
        '显示信息
        ⋮
        '显示信息结束
    End If
    emp_no=rs.Fields(0)
End Sub
```

给"下一项记录"命令按钮添加单击事件代码。

```
Private Sub Command22_Click()
    rs.MoveNext
    If rs.EOF Then
        MsgBox "已经定位在最后一条记录了,不能再向后浏览了"
        rs.MovePrevious
    Else
        '显示信息
        ⋮
        '显示信息结束
    End If
    emp_no=rs.Fields(0)
End Sub
```

给界面中的"最后一项记录"命令按钮添加单击事件代码。

```
Private Sub Command23_Click()
    rs.MoveNext
    If rs.EOF Then
        MsgBox "已经定位在最后一条记录了"
        rs.MovePrevious
    Else
        rs.MoveLast
        '显示信息
        ⋮
        '显示信息结束
    End If
```

```
    emp_no=rs.Fields(0)
End Sub
```

（6）给"保存记录"命令按钮添加单击事件代码。

```
Private Sub Command24_Click()
    Dim string1 As String
    Dim bool1 As Boolean
    bool1=False
    rs.MoveFirst
    Do While Not rs.EOF
      If rs.Fields("职工号")=emp_no Then
        bool1=True
        职工号.SetFocus
        rs.Fields(0)=Trim(职工号.Text)
        系别.SetFocus
        rs.Fields(1)=Trim(系别.Text)
        姓名.SetFocus
        rs.Fields(2)=Trim(姓名.Text)
        性别.SetFocus
        rs.Fields(3)=Trim(性别.Text)
        工作日期.SetFocus
        rs.Fields(4)=Trim(工作日期.Text)
        职称.SetFocus
        rs.Fields(5)=Trim(职称.Text)
        学位.SetFocus
        rs.Fields(6)=Trim(学位.Text)
        政治面貌.SetFocus
        rs.Fields(7)=Trim(政治面貌.Text)
        联系电话.SetFocus
        rs.Fields(8)=Trim(联系电话.Text)
        婚姻状况.SetFocus
        rs.Fields(9)=婚姻状况.Value
          MsgBox "成功修改该教师信息"
          Exit Do
        End If
        rs.MoveNext
    Loop
    If bool1=False Then
        MsgBox "不存在该教师信息"
        rs.MoveFirst
    End If
    rs.Update
End Sub
```

(7) 给"删除记录"命令按钮添加单击事件代码。

```
Private Sub Command25_Click()
    Dim del1 As String
    Dim string1 As String
    del1="delete from 教师信息表 where 职工号='" & emp_no & "'"
    DoCmd.SetWarnings False
    DoCmd.RunSQL del1
    DoCmd.SetWarnings True
    MsgBox "成功删除该教师信息"
    rs.Update
End Sub
```

(8) 给"添加记录"命令按钮添加单击事件代码。

```
Private Sub Command26_Click()
    Dim ins As String
    Dim arr(0 To 9) As String
    职工号.SetFocus
    arr(0)=Trim(职工号.Text)
    系别.SetFocus
    arr(1)=Trim(系别.Text)
    姓名.SetFocus
    arr(2)=Trim(姓名.Text)
    性别.SetFocus
    arr(3)=Trim(性别.Text)
    工作日期.SetFocus
    arr(4)=Trim(工作日期.Text)
    职称.SetFocus
    arr(5)=Trim(职称.Text)
    学位.SetFocus
    arr(6)=Trim(学位.Text)
    政治面貌.SetFocus
    arr(7)=Trim(政治面貌.Text)
    联系电话.SetFocus
    arr(8)=Trim(联系电话.Text)
    婚姻状况.SetFocus
    arr(9)=Str(婚姻状况.Value)
    ins="insert into [教师信息表](职工号,系别,姓名,性别,工作日期,职称,学位,政治面貌,联
系电话,婚姻状况) values('" & arr(0) & "','" & arr(1) & "','" & arr(2) & "','" & arr(3)
& "','" & arr(4) & "';'" & arr(5) & "','" & arr(6) & "','" & arr(7) & "','" & arr(8) & "',
" & arr(9) & ")"
    DoCmd.SetWarnings False
    DoCmd.RunSQL ins
    DoCmd.SetWarnings True
```

```
    rs.Update
End Sub
```

(9) 给"查询"命令按钮添加单击事件代码。

```
Private Sub Command27_Click()
Dim string1 As String
Dim bool1 As Boolean
'获取文本框输入的学号
Text32.SetFocus
string1=Trim(Text32.Text)
bool1=False
rs.MoveFirst
Do While Not rs.EOF
   If rs.Fields("职工号")=string1 Then
     bool1=True
     emp_no=rs.Fields(0)
   '显示信息
   ⋮
   '显示信息结束
     MsgBox "成功找到该教师信息"
     Exit Do
   End If
   rs.MoveNext
Loop
If bool1=False Then
    MsgBox "不存在该教师信息"
    rs.MoveFirst
    emp_no=rs.Fields(0)
'显示信息
⋮
'显示信息结束
End If
End Sub
```

(10) 给"清空"命令按钮和"返回"命令按钮添加单击事件代码。

```
Private Sub Command28_Click()
    职工号.SetFocus
    职工号.Text=""
    系别.SetFocus
    系别.Text=""
    姓名.SetFocus
    姓名.Text=""
    性别.SetFocus
```

```
    性别.Text=""
    工作日期.SetFocus
    工作日期.Text=""
    职称.SetFocus
    职称.Text=""
    学位.SetFocus
    学位.Text=""
    政治面貌.SetFocus
    政治面貌.Text=""
    联系电话.SetFocus
    联系电话.Text=""
    婚姻状况.SetFocus
    婚姻状况.Value=False
End Sub
Private Sub Command29_Click()
DoCmd.Close
DoCmd.OpenForm "主界面"
End Sub
```

5）创建其他各个窗体

创建其他各个窗体，如图 12-6 至图 12-9 所示。

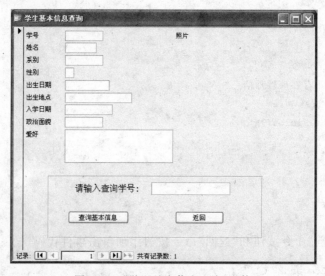

图 12-6　"学生基本信息查询"窗体

（1）进入窗体"设计视图"，为窗体添加相应控件。

（2）设置各个控件相应的属性。

（3）调整各个控件的大小和布局，保存并命名窗体。

（4）给相应的控件的事件添加代码。

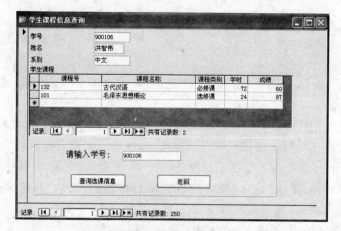

图 12-7 "学生课程信息查询"窗体

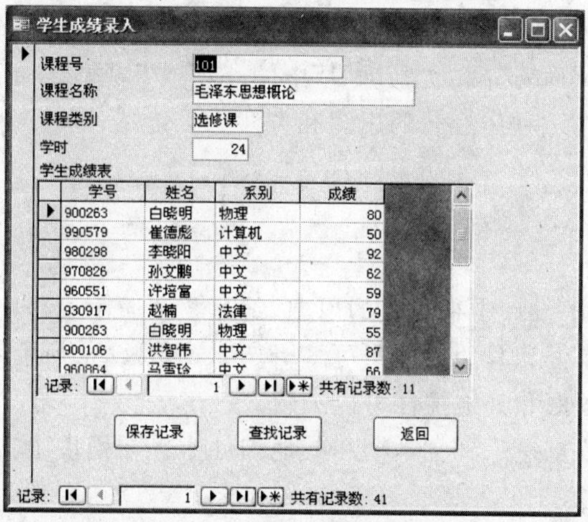

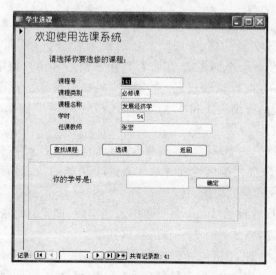

图 12-8 "学生成绩录入"窗体

图 12-9 "学生选课"窗体

4. 简单测试

操作步骤：

(1) 将"登录"窗体切换至"窗体"设计视图，单击工具栏上的"运行"按钮运行登录窗体。

(2) 分别使用"用户"表中的账号和密码，填写入"登录"窗体中的"用户名称"、"用户密码"文本框中，单击"确定"按钮测试登录操作，则能进入教学管理系统"主界面"。

(3) 使用"用户"表中的不存在账号和密码登录，填写入"登录"窗体中的"用户名称"、"用户密码"文本框中，单击"确定"按钮测试登录操作，则会显示"登录失败"信息并且将"用户名称"、"用户密码"文本框内容清空。

(4) 在"主界面"中分别进入各个模块，对各个模块按钮的功能进行详细的测试。

(5) 在"学生成绩录入"窗体中，测试修改、删除和添加记录的功能时，需要打开"学生成绩表"来实现对数据修改、删除、添加记录功能的结果进行验证。

完成各个模块测试后，选择"实验练习"中的一项或几项内容在原有系统上实现，理解数据库程序设计和软件工程中经典的思想和方法。

【思考与练习】

1. 代码重用是程序设计中很重要的思想，编写 3 个通用过程，分别实现以下功能：

(1) 使所有的文本框和其他控件不可编辑。

(2) 使所有的文本框和其他控件可以编辑。

(3) 将当前记录信息显示到文本框和其他控件中。在模块中尝试加上这 3 个通用过程后重新设计各个模块。

提示：(1)和(2)用到文本框的 Locked 属性，(3)用到文本框的 Text 属性或 Value 属性。

2. 给"用户"表添加一个新字段"userpower"，整型，用于区分 3 类用户：管理员、教师和学生。userpower 的字段的值为 1、2、3 分别表示管理员、教师、学生。定义"user_name"和"user_power"两个全局变量，用来存放用户账号和用户权限。对于用户所提交的操作，判断用户是否有此操作的权限，给出相应的提示信息。管理员拥有全部操作权限，教师只能调用相应的查询模块和学生成绩录入模块，学生只能调用相应的查询模块和学生选课模块。

3. 本实验中，教师信息管理模块实现修改记录的"保存记录"按钮的代码部分是使用 ADO 的 Recordset 对象提供的属性和方法实现这个功能的，试改写程序使用 SQL 命令的 UPDATE 语句实现同样的功能。

4. BOF 和 EOF 属性都为 True，表明数据表是空表，即没有记录，试给所有"查询"按钮加上这个条件判断，对系统进行进一步的测试和维护。

5. 思考一下如何使用"使用向导创建窗体"和"控件向导"来简化本次实验的某些步骤，模块中的哪些功能只使用"使用向导创建窗体"和"控件向导"也可以完全实现？

国家二级等级考试模拟题 1

（考试时间 120 分钟，满分 100 分）

一、选择题（每小题 2 分，共 70 分）

下列各题 A、B、C、D 四个选项中，只有一个选项是正确的，请将正确选项涂写在答题卡相应的位置上，答在试卷上不得分。

1. 下面叙述正确的是_____。
   A. 算法的执行效率与数据的存储结构无关
   B. 算法的空间复杂度是指算法程序中指令（或语句）的条数
   C. 算法的有穷性是指算法必须能在执行有限个步骤之后终止
   D. 算法的时间复杂度是指执行算法程序所需要的时间

2. 以下数据结构属于非线性数据结构的是_____。
   A. 队列　　　　　　B. 线性表　　　　　　C. 二叉树　　　　　　D. 栈

3. 在一棵二叉树上第 8 层的结点数最多是_____。
   A. 8　　　　　　　　B. 16　　　　　　　　C. 128　　　　　　　D. 256

4. 下面描述中，不符合结构化程序设计风格的是_____。
   A. 使用顺序、选择和重复（循环）3 种基本控制结构表示程序的控制逻辑
   B. 自顶向下
   C. 注重提高程序的执行效率
   D. 限制使用 goto 语句

5. 下面概念中，不属于面向对象方法的是_____。
   A. 对象、消息　　　B. 继承、多态　　　　C. 类、封装　　　　D. 过程调用

6. 在结构化方法中，用数据流程图（DFD）作为描述工具的软件开发阶段是_____。
   A. 可行性分析　　　B. 需求分析　　　　　C. 详细设计　　　　D. 程序编码

7. 软件生命周期中所花费用最多的阶段是_____。
   A. 详细设计　　　　B. 软件编码　　　　　C. 软件测试　　　　D. 软件维护

8. 数据库系统的核心是_____。
   A. 数据模型　　　　B. DBMS　　　　　　C. 软件工具　　　　D. 数据库

9. 下列叙述中正确的是_____。

    A. 数据处理是将信息转化为数据的过程

    B. 数据库设计是指设计数据库管理系统

    C. 如果一个关系中的属性或属性组并非该关系的关键字，但它是另一个关系的关键字，则称其为本关系的外关键字

    D. 关系中的每列称为元组，一个元组就是一个字段

10. 下列模式中，_____是用户模式。

    A. 内模式   B. 外模式   C. 概念模式   D. 逻辑模式

11. 从本质上说，Access 是_____。

    A. 分布式数据库系统   B. 面向对象的数据库系统

    C. 关系型数据库系统   D. 文件系统

12. Access 建立表结构最常用的方法是_____。

    A. "数据表"视图   B. "设计"视图   C. "表向导"创建   D. 数据定义

13. 条件宏的条件项的返回值是_____。

    A. "真"   B. 一般不能确定   C. "真"或"假"   D. "假"

14. 能够使用"输入掩码向导"创建输入掩码的字段类型是_____。

    A. 数字和日期/时间   B. 文本和货币

    C. 文本和日期/时间   D. 数字和文本

15. 一个主报表最多只能包含_____级子报表。

    A. 1   B. 2   C. 3   D. 4

16. 在报表中添加时间时，Access 将在报表上添加一个_____控件，且需要将"控件来源"属性设置为时间表达式。

    A. 文本框   B. 组合框   C. 标签   D. 列表框

17. 在 Access 数据库中，主窗体中的窗体称为_____。

    A. 主窗体   B. 一级窗体   C. 子窗体   D. 三级窗体

18. 在 VBA 中，下列变量名中不合法的是_____。

    A. dakai   B. da_kai   C. 打开   D. da kai

19. 操作查询包括_____。

    A. 生成表查询、更新查询、删除查询和交叉表查询

    B. 生成表查询、删除查询、更新查询和追加查询

    C. 选择查询、普通查询、更新查询和追加查询

    D. 选择查询、参数查询、更新查询和生成表查询

20. 在 Access 2000 中，在"查询"特殊运算符 Like 中，可以用来通配任何单个字符的通配符是_____。

    A. *   B. !   C. &   D. ?

21. 可以作为窗体记录源的是_____。

    A. 表   B. 查询

    C. Select 语句   D. 表、查询或 Select 语句

22. 数值函数 Int(数值表达式)返回数值表达式值的_____。

    A. 绝对值   B. 符号值   C. 整数部分值   D. 小数部分值

23. 数据透视表窗体是以表或查询为数据源产生一个_____的分析表而建立的一种窗体。

    A. Excel   B. Word   C. Access   D. dbase

24. 要设置在报表每一页底部都输出的信息,需要设置_____。

    A. 报表页眉   B. 报表页脚   C. 页面页脚   D. 页面页眉

25. Access 所设计的数据访问页是一个_____。

    A. 独立的外部文件   B. 数据库中的表

    C. 独立的数据库文件   D. 数据库记录的超链接

26. 在 VBA 中,如果没有显式声明或用符号来定义变量的数据类型,变量的默认数据类型为_____。

    A. Boolean   B. Int   C. String   D. Variant

27. 若想改变数据访问页的结构,需用_____方式打开数据访问页。

    A. Internet 浏览器   B. 页视图

    C. 设计视图   D. 以上都可以

28. 关于数据库系统叙述不正确的是_____。

    A. 可以实现数据共享、减少数据冗余

    B. 可以表示事物和事物之间的联系

    C. 支持抽象的数据模型

    D. 数据独立性较差

29. Access 数据访问页中增加了一些专用网上浏览工具,不包括_____。

    A. 滚动文字   B. 绑定超级链接   C. 图像超级链接   D. MS 工具

30. 下面程序运行后输出的结果是_____。

```
Private Sub Form_Click()
    For i=1 to 4
    x=1
    For j=1 to 3
    x=3
    For k=1 to 2
    x=x+6
    next k
    next j
    next i
    print x
End Sub
```

    A. 7   B. 15   C. 157   D. 538

31. 下列数组声明语句中,正确的是_____。

    A. Dim A[3,4]As Integer   B. Dim A(3,4)As Integer

C. Dim A[3;4]As Integer   D. Dim A(3;4)As Integer

32. 在窗体中有一个文本框 Text1,编写事件代码如下:

```
Private Sub Form_Click()
X=val (Inputbox("输入 x 的值"))
Y=1
If X<>0 Then Y=2
Text1.Value=Y
End Sub
```

打开窗体运行后,在输入框中输入整数 12,文本框 Text1 中输出的结果是_____。

A. 1   B. 2   C. 3   D. 4

33. 在窗体中有一个命令按钮 Command1 和一个文本框 Text1,编写事件代码如下:

```
Private Sub Command1_Click()
For I=1 To 4
x=3
For j=1 To 3
For k=1 To 2
x=x+3
Next k
Next j
Next I
Text1.Value=Str(x)
End Sub
```

打开窗体运行后,单击命令按钮,文本框 Text1 中输出的结果是_____。

A. 6   B. 12   C. 18   D. 21

34. 在窗体中有一个命令按钮 Command1,编写事件代码如下:

```
Private Sub Command1_Click()
Dim s As Integer
s=p(1)+p(2)+p(3)+p(4)
debug.Print s
End Sub
Public Function p (N As Integer)
Dim Sum As Integer
Sum=0
For i=1 To N
Sum=Sum+1
Next i
P=Sum
End Function
```

打开窗体运行后,单击命令按钮,输出的结果是_____。

A. 15　　　　　　B. 20　　　　　　C. 25　　　　　　D. 35

35. 下列过程的功能是：通过对象变量返回当前窗体的 Recordset 属性记录集引用，消息框中输出记录集的记录（即窗体记录源）个数。

```
Sub GetRecNum()
Dim rs As Object
Set rs=Me.Recordset
MsgBox _____
End Sub
```

横线处应填写的是_____。

A. Count　　　B. rs. Count　　　C. RecordCount　　　D. rs. RecordCount

二、填空题（每空 2 分，共 30 分）

请将每一个空的正确答案写在【1】～【15】序号的横线上，答在试卷上不得分。

1. 算法的复杂度主要包括时间复杂度和【1】复杂度。
2. 数据的物理结构在计算机存储空间中的存放形式称为数据的【2】。
3. 若按功能划分，软件测试的方法通常分为【3】测试方法和黑盒测试方法。
4. 数据库三级模式体系结构的划分，有利于保持数据库的【4】。
5. 在关系运算中，查找满足一定条件的元组的运算称为【5】。
6. 在 Access 数据访问页中，有静态的 HTML 文件，也有【6】文件。
7. 数据检索是组织数据表中数据的操作，它包括【7】和数据排序等。
8. 【8】是组成查询准则的基本元素。
9. 在 VBA 中求字符串的长度可以使用函数【9】。
10. 在 Access 中需要发布数据库中的数据的时候，可以采用的对象是【10】。
11. 数据定义包括构成数据库的外模式、【11】和内模式。
12. 在窗体中有两个文本框分别为 Text1 和 Text2，一个命令按钮 Command1，编写如下两个事件过程：

```
Private Sub Command1_Click()
a=Text1.Value+ Text2.Value
MsgBox a
End Sub
Private Sub Form_Load()
Text1.Value=""
Text2.Value=""
End Sub
```

程序运行时，在文本框 Text1 中输入 78，在文本框 Text2 中输入 87，单击命令按钮，消息框中输出的结果为【12】。

13. 控件是窗体上用于显示数据、【13】和装饰窗体的对象。
14. VBA 编程操作本地数据库时，提供一种 DAO 数据库打开的快捷方式是

CurrentDB( ),相应也提供一种 ADO 的默认连接对象是【14】。

15. 下面程序的输出结果是【15】。

```
Private Sub Form_Click()
    i=0
    Do Until 0
        i=i+1
        if i>10 then Exit Do
    Loop
    Print i
End Sub
```

国家二级等级考试模拟题 2

（考试时间 120 分钟，满分 100 分）

一、选择题（每小题 2 分，共 70 分）

1. 下列选项中不符合良好程序设计风格的是_____。
   - A. 源程序要文档化
   - B. 数据说明的次序要规范化
   - C. 避免滥用 goto 语句
   - D. 模块设计要保证高耦合、高内聚

2. 从工程管理角度，软件设计一般分两步完成，它们是_____。
   - A. 概要设计与详细设计
   - B. 数据设计与接口设计
   - C. 软件结构设计与数据设计
   - D. 过程设计与数据设计

3. 下列选项中不属于软件生命周期开发阶段任务的是_____。
   - A. 软件测试
   - B. 概要设计
   - C. 软件维护
   - D. 详细设计

4. 在数据库系统中，用户所见的数据模式为_____。
   - A. 概念模式
   - B. 外模式
   - C. 内模式
   - D. 物理模式

5. 数据库设计的 4 个阶段是：需求分析、概念设计、逻辑设计和_____。
   - A. 编码设计
   - B. 测试阶段
   - C. 运行阶段
   - D. 物理设计

6. 设有如三个关系表：

R
A
m
n

S	
B	C
1	3

T		
A	B	C
m	1	3
n	1	3

下列操作中正确的是_____。
   - A. $T=R \cap S$
   - B. $T=R \cup S$
   - C. $T=R \times S$
   - D. $T=R/S$

7. 下列叙述中正确的是_____。
   - A. 一个算法的空间复杂度大，则其时间复杂度也必定大
   - B. 一个算法的空间复杂度大，则其时间复杂度必定小
   - C. 一个算法的时间复杂度大，则其空间复杂度必定小
   - D. 上述 3 种说法都不对

8. 在长度为 64 的有序线性表中进行顺序查找,最坏情况下需要比较的次数为_____。

    A. 63   B. 64   C. 6   D. 7

9. 数据库技术的根本目标是要解决数据的_____。

    A. 存储问题   B. 共享问题   C. 安全问题   D. 保护问题

10. 对下列二叉树进行中序遍历的结果是_____。

    A. ACBDFEG   B. ACBDFGE   C. ABDCGEF   D. FCADBEG

11. 下列实体的联系中,属于多对多联系的是_____。

    A. 学生与课程   B. 学校与校长

    C. 住院的病人与病床   D. 职工与工资

12. 在关系运算中,投影运算的含义是_____。

    A. 在基本表中选择满足条件的记录组成一个新的关系

    B. 在基本表中选择需要的字段(属性)组成一个新的关系

    C. 在基本表中选择满足条件的记录和属性组成一个新的关系

    D. 上述说法均是正确的

13. SQL 的含义是_____。

    A. 结构化查询语言   B. 数据定义语言

    C. 数据库查询语言   D. 数据库操纵与控制语言

14. 以下关于 Access 表的叙述中,正确的是_____。

    A. 表一般包含一到两个主题的信息

    B. 表的数据表视图只用于显示数据

    C. 表设计视图的主要工作是设计表的结构

    D. 在表的数据表视图中,不能修改字段名称

15. 在 SQL 的 SELECT 语句中,用于实现选择运算的是_____。

    A. FOR   B. WHILE   C. IF   D. WHERE

16. 以下关于空值的叙述中,错误的是_____。

    A. 空值表示字段还没有确定的值   B. Access 使用 NULL 来表示空值

    C. 空值等同于空字符串   D. 空值不等于数值 0

17. 使用表设计器定义表中字段时,不是必须设置的内容是_____。

    A. 字段名称   B. 数据类型   C. 说明   D. 字段属性

18. 如果想在已建立的"tSalary"表的数据表视图中直接显示出姓"李"的记录,应使用 Access 提供的_____。

    A. 筛选功能   B. 排序功能   C. 查询功能   D. 报表功能

19. 下面显示的是查询设计视图的"设计网格"部分：

字段	姓名	性别	工作时间	系别
表	教师	教师	教师	教师
排序				
显示	☑	☑	☑	☑
条件		"女"	Year（[工作时间]）<1980	
或				

从所显示的内容中可以判断出该查询要查找的是_____。

  A. 性别为"女"并且1980以前参加工作的记录

  B. 性别为"女"并且1980以后参加工作的记录

  C. 性别为"女"或者1980以前参加工作的记录

  D. 性别为"女"或者1980以后参加工作的记录

20. 若要查询某字段的值为"JSJ"的记录，在查询设计视图对应字段的准则中，错误的表达式是_____。

  A. JSJ   B. "JSJ"   C. " * JSJ"   D. Like "JSJ"

21. 已经建立了包含"姓名"、"性别"、"系别"、"职称"等字段的"tEmployee"表。若以此表为数据源创建查询，计算各系不同性别的总人数和各类职称人数，并显示如下图所示的结果。

系别	性别	总人数	副教授	讲师	教授
经济	男	7	1	5	1
经济	女	7	4	1	2
软件	男	8	4	2	1
软件	女	2		1	1
数学	男	3		2	1
数学	女	3	1	2	
系统	男	3	1	2	
系统	女	1		1	
信息	男	4	1	1	2
信息	女	4	1	1	2

记录：1   1   共有记录数：10

正确的设计是_____。

A.

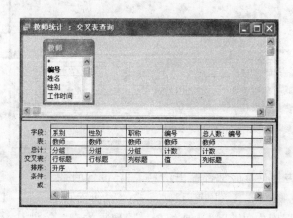

B.

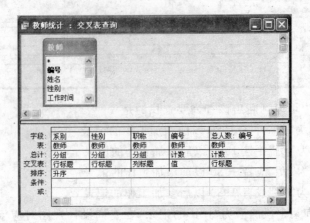

C.

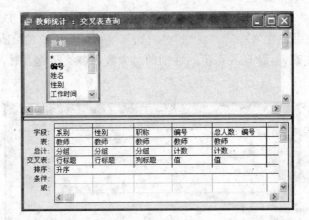

D.

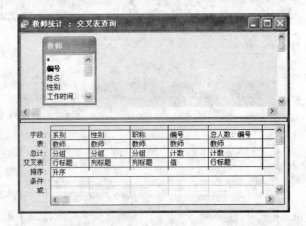

22. 若要在报表每一页底部都输出信息,需要设置的是_____。

    A. 页面页脚   B. 报表页脚   C. 页面页眉   D. 报表页眉

23. Access 数据库中,用于输入或编辑字段数据的交互控件是_____。

    A. 文本框   B. 标签   C. 复选框   D. 组合框

24. 一个关系数据库的表中有多条记录,记录之间的相互关系是_____。

    A. 前后顺序不能任意颠倒,一定要按照输入的顺序排列

    B. 前后顺序可以任意颠倒,不影响库中的数据关系

    C. 前后顺序可以任意颠倒,但排列顺序不同,统计处理结果可能不同

    D. 前后顺序不能任意颠倒,一定要按照关键字段值的顺序排列

25. 在已建雇员表中有"工作日期"字段,下图所示的是以此表为数据源创建的"雇员基本信息"窗体。

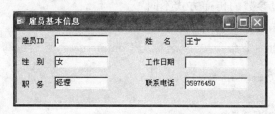

    假设当前雇员的工作日期为"1998-08-17",若在窗体"工作日期"标签右侧文本框控件的"控件来源"属性中输入表达式"=Str(Month([工作日期]))+"月"",则在该文本框控件内显示的结果是_____。

    A. Str(Month(Date()))+"月"   B. "08"+"月"

    C. 08 月   D. 8 月

26. 在宏的调试中,可配合使用设计器上的工具按钮_____。

    A. "调试"   B. "条件"   C. "单步"   D. "运行"

27. 以下是宏 m 的操作序列设计:

条件	操作序列	操作参数
	MsgBox	消息为 "AA"
[tt>1]	MsgBox	消息为 "BB"
...	MsgBox	消息为 "CC"

    现设置宏 m 为窗体"fTest"上名为"bTest"命令按钮的单击事件属性,打开窗体"fTest"运行后,在窗体上名为"tt"的文本框内输入数字 1,然后单击命令按钮 bTest,则_____。

    A. 屏幕会先后弹出 3 个消息框,分别显示消息"AA"、"BB"、"CC"

    B. 屏幕会弹出一个消息框,显示消息"AA"

    C. 屏幕会先后弹出两个消息框,分别显示消息"AA"和"BB"

    D. 屏幕会先后弹出两个消息框,分别显示消息"AA"和"CC"

28. 在窗体中添加了一个文本框和一个命令按钮(名称分别为 tText 和 bCommand),并编写了相应的事件过程。运行此窗体后,在文本框中输入一个字符,则命令按钮上的标题变为"计算机等级考试"。以下能实现上述操作的事件过程是_____。

    A. Private Sub bCommand_Click()   B. Private Sub tText_Click()

        Caption="计算机等级考试"   bCommand.Caption="计算机等级考试"

        End Sub   End Sub

C. `Private Sub bCommand_Change()`
  `Caption="计算机等级考试"`
  `End Sub`
D. `Private Sub tText_Change()`
  `bCommand.Caption= "计算机等级考试"`
  `End Sub`

29. Sub 过程与 Function 过程最根本的区别是_____。

    A. Sub 过程的过程名不能返回值,而 Function 过程能通过过程名返回值

    B. Sub 过程可以使用 Call 语句或直接使用过程名调用,而 Function 过程不可以

    C. 两种过程参数的传递方式不同

    D. Function 过程可以有参数,Sub 过程不可以

30. 在窗体中添加一个命令按钮(名称为 Command1),然后编写如下代码:

```
Private Sub Command1_Click()
    a-0: b=5: c=6
    MsgBox a=b+c
End Sub
```

窗体打开运行后,如果单击命令按钮,则消息框的输出结果是_____。

A. 11   B. a=11   C. 0   D. False

31. 在窗体中添加一个命令按钮(名称为 Command1),然后编写如下代码:

```
Private Sub Command1_Click()
    Dim a(10,10)
    For m=2 To 4
      For n=4 To 5
        a(m,n)=m*n
      Next n
    Next m
    MsgBox a(2,5)+a(3,4)+a(4,5)
End Sub
```

窗体打开运行后,单击命令按钮,则消息框的输出结果是_____。

A. 22   B. 32   C. 42   D. 52

32. 在窗体中添加一个命令按钮(名称为 Command1)和一个文本框(名称为 Text1),并在命令按钮中编写如下事例代码:

```
Private Sub Command1_Click()
    m=2.17
    n=Len(Str$(m)+Space(5))
    Me.Text1=n
End Sub
```

窗体打开运行后,单击命令按钮,在文本框中显示_____。

A. 5   B. 8   C. 9   D. 10

33. 在窗体中添加一个命令按钮(名称为 Command1),然后编写如下代码:

```
Private Sub Command1_Click()
  A=75
  If A>60 Then I=1
  If A>70 Then I=2
  If A>80 Then I=3
  If A>90 Then I=4
  MsgBox I
End Sub
```

窗体打开运行后,单击命令按钮,则消息框的输出结果是_____。

   A. 1   B. 2   C. 3   D. 4

34. 在窗体中添加一个命令按钮(名称为 Command1),然后编写如下代码:

```
Private Sub Command1_Click()
  s="ABBACDDCBA"
  For I=6 To 2 Step-2
    x=Mid(s,I,I)
    y=Left(s,I)
    z=Right(s,I)
    z=x & y & z
  Next I
  MsgBox z
End Sub
```

窗体打开运行后,单击命令按钮,则消息框的输出结果是_____。

   A. AABAAB   B. ABBABA

   C. BABBA   D. BBABBA

35. 在窗体中添加一个命令按钮(名称为 Command1),然后编写如下代码:

```
Public x as integer
Private Sub Command1_Click()
  a=10
  Call s1
  Call s2
  MsgBox x
End Sub
Private Sub s1()
  x=x+20
End Sub
Private Sub s2()
  Dim x as integer
  x=x+20
End Sub
```

窗体打开运行后,单击命令按钮,则消息框的输出结果是_____。

A. 10　　　　B. 30　　　　C. 40　　　　D. 50

二、填空题（每空 2 分,共 30 分）

请将每一个空的正确答案写要【1】～【15】序号的横线上,答在试卷上不得分。

1．下列软件系统结构图的宽度为【1】。

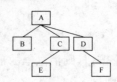

2．【2】的任务是诊断和改正程序中的错误。

3．一个关系表的行称为【3】。

4．按"先进后出"原则组织数据的数据结构是【4】。

5．数据结构分为线性结构和非线性结构,带链的队列属于【5】。

6．Access 数据库中,如果在窗体上输入的数据总是取自表或查询中的字段数据,或者取自某固定内容的数据,可以使用【6】控件来完成。

7．某窗体中有一命令按钮,在窗体视图中单击此命令按钮打开一个报表,需要执行的宏操作是【7】。

8．在数据表视图下向表中输入数据,在未输入数值之前,系统自动提供的数值字段的属性是【8】。

9．某窗体中有一命令按钮,名称为 C1。要求在窗体视图中单击此命令按钮后,命令按钮上显示的文字颜色为棕色(棕色代码为 128),实现该操作的 VBA 语句是【9】。

10．如果要将某表中的若干记录删除,应该创建【10】查询。

11．在窗体中添加一个命令按钮(名称为 Command1),然后编写如下代码：

```
Private Sub Command1_Click()
    Static b as integer
    b=b+1
End Sub
```

窗体打开运行后,3 次单击命令按钮后,变量 b 的值是【11】。

12．在窗体上有一个文本框控件,名称为 Text1。同时,窗体加载时设置其计时器间隔为 1 秒,计时器触发事件过程则实现在 Text1 文本框中动态显示当前日期和时间。请补充完整。

```
Private Sub Form_Load()
    Me.TimerInterval= 1000
End Sub
Private Sub【12】
    Me.Text1=Now()
End Sub
```

13. 实现数据库操作的 DAO 技术,其模型采用的是层次结构,其中处于最顶层的对象是【13】。

14. 下面 VBA 程序段运行时,内层循环总次数是【14】。

```
For m= 0 To 7 Step 3
   For n=m-1 To m+1
   Next n
Next m
```

15. 在窗体中添加一个命令按钮(名称为 Command1),然后编写如下代码:

```
Private Sub Command1_Click( )
   Dim b,k
   For k=1 to 6
      B=23+k
   Next k
   MsgBox b+k
End Sub
```

窗体打开运行后,3 次单击命令按钮,消息框的输出结果是【15】。

国家二级等级考试仿真试卷

全国计算机等级考试二级笔试仿真试卷

Access 数据库程序设计

注 意 事 项

一、考生应严格遵守考场规则,得到监考人员指令后方可作答。

二、考生拿到试卷后应首先将自己的姓名、准考证号等内容涂写在答题卡的相应位置上。

三、选择题答案必须用铅笔填涂在答题卡的相应位置上,填空题的答案必须用蓝、黑色钢笔或圆珠笔写在答题卡的相应位置上,答案写在试卷上无效。

四、注意字迹清楚,保持卷面整洁。

五、考试结束将试卷和答题卡放在桌上,不得带走。待监考人员收毕清点后,方可离场。

******考试中心

****年**月制

二级公共基础知识和 Access 数据库设计

（考试时间 120 分钟，满分 100 分）

一、选择题（每小题 2 分，70 分）

下列各题 A、B、C、D 四个选项中，只有一个选项是正确的，请将正确选项涂写在答题卡相应的位置上，答在试卷上不得分。

1. 下列叙述中，正确的是_____。

    A. 对长度为 n 的有序链表进行查找，最坏情况下需要的比较次数为 n

    B. 对长度为 n 的有序链表进行对分查找，最坏情况下需要的比较次数为 $(n/2)$

    C. 对长度为 n 的有序链表进行对分查找，最坏情况下需要的比较次数为 $(\log 2n)$

    D. 对长度为 n 的有序链表进行对分查找，最坏情况下需要的比较次数为 $(n \log 2n)$

2. 算法的时间复杂度是指_____。

    A. 算法的执行时间

    B. 算法所处理的数据量

    C. 算法程序中的语句或指令条数

    D. 算法在执行过程中所需要的基本运算次数

3. 软件按功能可以分为应用软件、系统软件和支撑软件（或工具软件）。下面属于系统软件的是_____。

    A. 编辑软件　　　　B. 操作系统　　　　C. 教务管理系统　　　　D. 浏览器

4. 软件（程序）调试的任务是_____。

    A. 诊断和改正程序中的错误　　　　　B. 尽可能多的发现程序中的错误

    C. 发现并改正程序中的所有错误　　　D. 确定程序中错误的性质

5. 数据流程图（DFD）是_____。

    A. 软件概要设计的工具　　　　　　B)软件详细设计的工具

    C. 结构化方法的需求分析工具　　　D)面向对象方法的需求分析工具

6. 软件生命周期可以分为定义阶段、开发阶段和维护阶段，详细设计属于_____。

    A. 定义阶段　　　　　　　　　B. 开发阶段

    C. 维护阶段　　　　　　　　　D. 上述 3 个阶段

7. 数据库管理系统中负责数据模式定义的语言是_____。

    A. 数据定义语言　　　　　　　B. 数据管理语言

    C. 数据操纵语言　　　　　　　D. 数据控制语言

8. 在学生管理的关系数据库中,存取一个学生信息的数据单位是_____。

    A. 文件   B. 数据库   C. 字段   D. 记录

9. 在数据库设计中,用 E-R 图来描述信息结构但不涉及信息在计算机中的表示,它属于数据库设计的_____。

    A. 需求分析阶段   B. 逻辑设计阶段

    C. 概念设计阶段   D. 物理设计阶段

10. 有两个关系 R 和 T 如下:

R

A	B	C
a	1	2
b	2	2
c	3	2
d	3	2

T

A	B	C
c	3	2
d	3	2

则由关系 R 得到关系 T 的操作是_____。

    A. 选择   B. 投影   C. 交   D. 并

11. 下列关于关系数据库中数据表的描述,正确的是_____。

    A. 数据表相互间存在联系,但用对的文件名保存

    B. 数据表相互间存在联系,是用表名表示相互间的联系

    C. 数据表相互间不存在联系,完全独立

    D. 数据表既相对独立,又相互联系

12. 下列对数据输入无法起到约束作用的是_____。

    A. 输入掩码   B. 有效性规则   C. 字段名称   D. 数据类型

13. 在 Access 中,设置为主键的字段_____。

    A. 不能设置索引   B. 可设置为"有(有重复)"索引

    C. 系统自动设置索引   D. 可设置为"无"索引

14. 输入掩码字符"&"的含义是_____。

    A. 必须输入字母或数字

    B. 可以选择输入字母或数字

    C. 必须输入一个任意的字符或一个空格

    D. 可以选择输入任意的字符或一个空格

15. 在 Access 中,如果不想显示数据表中的某些字段,可以使用的命令是_____。

    A. 隐藏   B. 删除   C. 冻结   D. 筛选

16. 通配符"#"的含义是_____。

    A. 通配任意个数的字符   B. 通配任何单个字符

    C. 通配任意个数的数字字符   D. 通配任何单个数字字符

17. 若要求在文本框中输入文本时达到密码"＊"的实现效果,则应该设置的属性

是_____。

    A. 默认值   B. 有效性文本   C. 输入掩码   D. 密码

18. 假设"公司"表中有编号、名称、法人等字段,查找公司名称为"网络"二字的公司信息,正确的命令是_____。

    A. SELECT * FROM 公司 FOR 名称="*网络*"

    B. SELECT * FROM 公司 FOR 名称 LIKE "*网络*"

    C. SELECT * FROM 公司 WHERE 名称="*网络*"

    D. SELECT * FROM 公司 WHERE 名称 LIKE "*网络*"

19. 利用对话框提示用户输入查询条件,这样的查询属于_____。

    A. 选择查询   B. 参数查询   C. 操作查询   D. SQL 查询

20. 在 SQL 查询中"GROUP BY"的含义是_____。

    A. 选择行条件   B. 对查询进行排序

    C. 选择列字段   D. 对查询进行分组

21. 在调试 VBA 程序时,能自动被检查出来的错误是_____。

    A. 语法错误   B. 逻辑错误

    C. 运行错误   D. 语法错误和逻辑错误

22. 为窗体或报表的控件设置属性值的正确宏操作是_____。

    A. Set   B. SetData   C. SetValue   D. SetWarnings

23. 在已建窗体中有一个命令按钮(名称为 Command1),该按钮的单击事件对应的 VBA 代码为:

```
Private Sub Command1_Click()
     subT.Form.Me.RecordSource="select * from 雇员"
End Sub
```

    单击该按钮实现的功能是_____。

    A. 使用 select 命令查找"雇员"表中的所有记录

    B. 使用 select 命令查找并显示"雇员"表中的所有记录

    C. 将 subT 窗体的数据来源设置为一个字符串

    D. 将 subT 窗体的数据来源设置为"雇员"表

24. 在报表设计中,不适合添加的控件是_____。

    A. 标签   B. 图形控件   C. 文本框控件   D. 选项组控件

25. 下列关于对象"更新前"时间的叙述中,正确的是_____。

    A. 在控件或记录的数据变化后发生的事件

    B. 在控件或记录的数据变化前发生的事件

    C. 当窗体或控件接收到焦点时发生的事件

    D. 当窗体或控件失去了焦点时发生的事件

26. 下列属于通知或警告用户的命令是_____。

    A. PrintOut   B. OutputTo

C. MsgBox D. RunWarnings

27. 能够实现从指定记录集里检索特定字段值的函数是_____。

A. Nz B. Find C. Lookup D. DLookup

28. 如果 x 是一个正的实数，保留两位小数，将千位分隔符四舍五入的表达式是_____。

A. 0.01 * Int(X+0.05) B. 0.01 * Int(100 * (X+0.005))

C. 0.01 * Int(X+0.005) D. 0.01 * Int(100 * (X+0.05))

29. 在模块的声明部分使用"OptionBase 1"语句，然后定义二维数组 $A(2\ to\ 5,5)$，则该数组的元素个数为_____。

A. 20 B. 24 C. 25 D. 36

30. 由"For i=1 To 9 Step−3"决定的循环结构，其循环体将被执行_____。

A. 0次 B. 1次 C. 4次 D. 5次

31. 在窗体上有一个命令按钮 Command1 和一个文本框 Text1，编写事件代码如下：

```
Private Sub Command1_Click()
Dim i, j, x
    For i=1 To 20 Step 2
    x=0
    For j=1 To 20 Step 3
    x=x+1
    Next j
Next i
Text1.Value=Str(x) End Sub
```

打开窗体运行后，单击命令按钮，文本框中显示的结果是_____。

A. 1 B. 7 C. 17 D. 400

32. 在窗体上有一个命令按钮 Command1，编写事件代码如下：

```
Private Sub Command1_Click() Dim y As Integer
    y=0
    Do
    y=InputBox("y=")
    If(y Mod 10)+Int(y/10)=10 Then Debug.Print y; Loop Until y=0
End Sub
```

打开窗体运行后，单击命令按钮，依次输入 10,37,50,55,64,20,28,19,−19,0，立即窗口上输出的结果是_____。

A. 37 55 64 28 19 19 B. 10 50 20

C. 10 50 20 0 D. 37 55 64 28 19

33. 在窗体上有一个命令按钮 Command1，编写事件代码如下：

```
Private Sub Command1_Click() Dim x As Integer, y As Integer x=12: y=32
    Call proc(x, y) Debug.Print x; y End Sub
```

```
Public Sub proc(n As Integer, ByVal m As Integer)
    n=n Mod 10
    m=m Mod 10
End Sub
```

打开窗体运行后,单击命令按钮,立即窗口上输出的结果是_____。

A. 2 32   B. 12 3   C. 2 2   D. 12 32

34. 在窗体上有一个命令按钮 Command1,编写事件代码如下:

```
Private Sub Command1_Click() Dim d1 As Date
    Dim d2 As Date
    d1=#12/25/2009#
    d2=#1/5/2010#
    MsgBox DateDiff("ww", d1, d2)
End Sub
```

打开窗体运行后,单击命令按钮,消息框中输出的结果是_____。

A. 1   B. 2   C. 10   D. 11

35. 下列程序段的功能是事项"学生"表中"年龄"字段值加 1:

```
Dim Str As String
Str "_____"
Docmd.RunSQL Str
```

空白处应填入的程序代码是_____。

A. 年龄＝年龄＋1   B. Update 学生 Set 年龄＝年龄＋1

C. Set 年龄＝年龄＋1   D. Edit 学生 Set 年龄＝年龄＋1

二、填空题(每空 2 分,共 30 分)

请将每一个空的正确答案写在答题卡【1】~【15】序号的横线上,答在试卷上不得分。
注意:以命令关键字填空的必须拼写完整。

1. 一个队列的初始状态为空。现将元素 A、B、C、D、E、F、5、4、3、2、1 依次入队,然后再依次退队,则元素退队的顺序为【1】。

2. 设某循环队列的容量为 50,如果头指针 front＝45(指向队头元素的前一位置),尾指针 rear＝10(指向队尾元素),则该循环队列中共有【2】个元素。

3. 设二叉树如下:

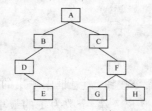

对该二叉树进行后序遍历的结果为【3】。

4. 软件是【4】、数据和文档的集合。

5. 有一个学生选课的关系，其中学生的关系模式为：学生(学号，姓名，班级，年龄)，课程的关系模式为：课程(课号，课程名，学时)，其中两个关系模式的键分别是学号和课号。则关系模式选课可定义为：选课(学号，【5】，成绩)。

6. 下图所示的窗体上有一个命令按钮(名称为 Command1)和一个选项组(名称为 Frame1)，选项组上显示"Frame1"文本的标签控件名称为 Label1，若将选项组上显示文本"Frame1"改为汉字"性别"，应使用的语句是【6】。

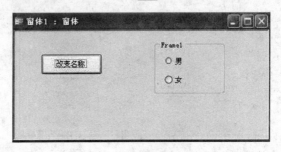

7. 在当前窗体上，若要实现将焦点移动到指定控件，应使用的宏操作命令是【7】。

8. 使用向导创建数据访问页时，在确定分组级别步骤中最多可设置【8】个分组字段。

9. 在窗体文本框 Text1 中输入"456Abc"后，立即窗口上输出的结果是【9】。

```
Private Sub Text1_KeyPress(KeyAscii As Integer) Select Case KeyAscii
    Case 97 To 122
    Debug.print Ucase (Chr (KeyAscii )); Case 65 to 90
    Debug.print Lcase (Chr (KeyAscii )); Case 40 to 57
    Debug.print (Chr (KeyAscii )); Case Else
    KeyAscii= 0
    End Select
End Sub
```

10. 在窗体上有一个命令按钮 Command1，编写事件代码如下：

```
Private Sub Command1_Click() Dim a(10), p(3)As Integer
    k= 5
    For i=1 to 10
    a(i)=i * i
    Next i
    For i=1 to 3 p(i)=a(i * i) Next i
    For i=1 to 3
    k=k+p(i) * 2
    Next i MsgBox k
End Sub
```

打开窗体运行后，单击命令按钮，消息框中输出的结果是【10】。

11. 下列程序的功能是找出被 5、7 除，余数为 1 的最小的 5 个正整数，请在程序空白处填写适当的语句，使程序可以完成指定的功能。

```
private sub form_Click() Dim Ncount%,n%Ncount=0
    n=1
    Do
    n=n+1
    if【11】then
    Debug.print n
    Ncount=Ncount+1
    End If
    Loop Until Ncount=5
End Sub
```

12. 以下程序的功能是在立即窗口中输出 100～200 之间所有的素数,并统计输出素数的个数。请在程序空白处填入适当的语句,使程序可以完成指定的功能。

```
private sub command2_click()
    dim i%,j%,k%,t%, t 为统计素数的个数
    dim b As Boolean for i=100 to 200 b=true
    k=2
    j=int(sqr(i))
    do while k<=j and b if i mod k=0 then
        b=【12】
    end if
        k=【13】
    loop
        if b=true then t=t+1
        debug.print i end if
    next i
  debug.print "t...";t
end su b
```

13. 数据库中有工资表,包括"姓名"、"工资"和"职称"等字段,现在要对不同职称的职工增加工资,规定教授职称增加 15%,副教授职称增加 10%,其他人员增加 5%。下列程序的功能是:按照上述规定调整每位职工的工资,并显示所涨工资的总和。请在空白处填入适当的语句,使程序可以完成指定的功能。

```
Private Sub Command5_Click() Dim ws As DAO.Workspace Dim db As DAO.Database Dim rs
As DAO.Recordset Dim gz As DAO.Field
  Dim zc As DAO.Field Dim sum As Currency Dim rate As Single
  Set db=CurrentDb()
  Set rs=db.OpenRecordset("工资表") Set gz=rs.Fields("工资")
  Set zc=rs.Fields("职称")
  sum=0
  Do While Not【14】
    rs.Edit
    Select Case zc
```

```
            Case Is="教授"
                rate=0.15
            Case Is="副教授"
                rate=0.1
            Case Else
                rate=0.05
        End Select
        sum=sum+gz * rate  gz=gz+gz * rate
        【15】
        rs.MoveNext
    Loop  rs.Close  db.Close
    Set rs=Nothing
    Set db=noting
    MsgBox "涨工资总计: " & sum
End Sub
```

国家二级等级考试模拟题 1 答案

一、选择题

1. C	2. C	3. C	4. C	5. D	6. B	7. D	8. D	9. C
10. B	11. C	12. B	13. C	14. C	15. B	16. A	17. C	18. D
19. B	20. D	21. D	22. C	23. A	24. C	25. A	26. D	27. C
28. D	29. D	30. B	31. B	32. B	33. D	34. B	35. D	

二、填空题

1. 空间　　　　2. 内模式或物理模式或存储模式　　　3. 白盒

4. 数据独立性　　5. 选择　　　　　　　6. 动态的 HTML 文件

7. 数据筛选　　　8. 运算符　　　　　　9. Len

10. 多字段　　　11. 模式　　　　　　　12. 7887

13. 执行操作　　14. CurrentProject . Connection　　15. 11

国家二级等级考试模拟题 2 答案

一、选择题

1. D　　2. A　　3. C　　4. B　　5. D　　6. C　　7. D　　8. B　　9. B
10. A　　11. A　　12. B　　13. A　　14. C　　15. D　　16. C　　17. C　　18. A
19. A　　20. C　　21. B　　22. A　　23. A　　24. B　　25. D　　26. C　　27. D
28. D　　29. A　　30. D　　31. C　　32. D　　33. B　　34. D　　35. B

二、填空题

1. 3　　　　　　　　2. 调试　　　　　3. 记录　　　　　4. 栈
5. 线性结构　　　　6. 列表框　　　　7. openreport　　8. 默认值
9. c1.forecolor＝128　　10. 删除　　　　11. 3　　　　　　12. form_timer( )
13. DBEngine　　　　14. 9　　　　　　15. 51

国家二级等级考试仿真试卷答案

一、选择题

1. A   2. D   3. B   4. A   5. C   6. B   7. A   8. D   9. C
10. A   11. D   12. C   13. C   14. C   15. A   16. D   17. C   18. D
19. B   20. D   21. A   22. C   23. D   24. D   25. B   26. C   27. D
28. B   29. B   30. A   31. A   32. D   33. A   34. B   35. B

二、填空题

1. A,B,C,D,E,5,4,3,2,1   2. 15   3. EDBGHFCA

4. 程序   5. 课号   6. Label1. Caption＝"性别"

7. SetFocus   8. 4   9. 456aBC

10. 201   11. nMod 5＝1 or n Mod 7＝1

12. false   13. k＋1   14. Rs. eof

15. rs. update

课后习题答案

习题 1 答案

一、选择题

1. B　2. A　3. D　4. D　5. A　6. B　7. C　8. B　9. A
10. B　11. B　12. C　13. C　14. C　15. C　16. D　17. A　18. A
19. C　20. B　21. C　22. B　23. A　24. C　25. B

二、填空题

1. Access,SQL Server,Oracle　2. 数据　3. 二维表　4. 关系数据模型
5. 数据库　6. 工作人员　7. 实体完整性、参照完整性和用户定义完整性
8. 关系　9. 选择,投影,联接　10. 投影　11. 工资号　12. 一对一关系、一对多关系、多对多关系　13. 需求分析

三、思考题

略

习题 2 答案

一、选择题

1. A　2. D　3. A　4. B　5. C　6. D　7. A　8. C　9. B　10. A

二、填空题

1. 字段和记录　2. 共同字段　3. 000000000　4. 文本　备注
5. 关系　6. 可以唯一确定一条记录的字段

三、设计题

略

习题 3 答案

一、选择题

1. B   2. A   3. A   4. A   5. D   6. B   7. B   8. D   9. A
10. C   11. D   12. A   13. D   14. C   15. A   16. B   17. C   18. A
19. A   20. D   21. C

二、应用题

1.

```
SELECT 学生基本信息表.姓名,学生成绩表.成绩
FROM 学生基本信息表 INNER JOIN 学生成绩表 ON 学生基本信息表.学号=学生成绩表.学号
WHERE 成绩>=90
ORDER BY 成绩 DESC;
```

2.

（1）SELECT * From 商品信息 ORDER BY 进价;

（2）SELECT 货号,销售员,卖出数量
    FROM 销售记录表
    WHERE 销售员="张小兰" and 销售时间=#2010-9-1#;

（3）SELECT * FROM 销售记录表 WHERE 折扣)<>1;

（4）SELECT Year(生产日期) AS 出厂年份,count(货号) AS 商品件数 FROM 商品信息 GROUP BY
    Year(生产日期);

（5）SELECT Sum((商品信息.售价-商品信息.进价)*销售记录表.卖出数量*销售记录表.折扣)
    AS 十月盈利总额 FROM 商品信息 INNER JOIN 销售记录表 ON 商品信息.货号=销售记录表.货
    号 WHERE (((Month([销售记录表].[销售时间]))=10));

习题 4 答案

一、选择题

1. D   2. D   3. B   4. D   5. D   6. C   7. C   8. A   9. D
10. C   11. B   12. D   13. B   14. B   15. D   16. B   17. D   18. A
19. C   20. C   21. C   22. B   23. A   24. C   25. C

二、填空题

1. 修改窗体   2. 表,查询,SQL 语句   3. 执行操作   4. 结合型,非结合型,计算型
5. 表/查询   6. 查询   7. 结合型   8. 用户   9. 数据表   10. 页面页眉,页面页脚,
主体

三、设计题

略

习题 5 答案

一、选择题

1. C　　2. A　　3. B　　4. D　　5. A　　6. D　　7. C　　8. B　　9. B
10. B　　11. C　　12. A　　13. D　　14. C　　15. D　　16. B　　17. B　　18. A
19. B　　20. B　　21. B　　22. D　　23. B　　24. D　　25. C

二、填空题

1. 纵栏式　2. 组页眉/组页脚　3. 正式,淡灰,紧凑　4. 报表页脚,页面页脚,主体,主体　5. 每一页底部　6. 标签式报表　7. 直线　8. 报表　9. 报表页眉节　10. 主体

三、设计题

略

习题 6 答案

一、选择题

1. D　　2. B　　3. D　　4. D　　5. A　　6. C　　7. A　　8. D　　9. D
10. A　　11. D　　12. A　　13. C　　14. C　　15. C　　16. D　　17. A

二、填空题

1. 页视图,设计视图　2. 设计视图　3. 浏览和发布　4. 对象　5. 自动创建数据访问页　6. IE浏览器　7. 工具箱　8. 自动创建数据访问页,使用数据访问页向导　9. 主题

三、思考题

略

习题 8 答案

一、选择题

1. B　　2. C　　3. C　　4. A　　5. A　　6. D　　7. D

二、填空题

1. Visual Basic   2. MsgBox,InputBox   3. 空格和下划线   4. 1
5. 标准数据类型   6. SUB 过程,FUNCTION 过程,PROPERTY 过程
7. 实参,形参

三、问答题

1. VBA 与 VB、Access 有什么联系？

答：VBA 是 Access 中由 VB 派生的编程语言。

2. 在 Access 中,既然已经提供了宏操作,为什么还要使用 VBA？

答：在 Access 中宏提供的是常用的一些操作,但未包含所有。用户在表示一些自我需要的特定操作时,仍需使用 VBA 代码编写其操作。

3. 什么是对象？对象的属性和方法有什么区别？

答：对象即被操作者,对象的属性表述的是其特征,而方法表述的是对象的行为。

4. 在 VBE 和 Access 窗体环境中,对象的属性、事件的使用有何区别？

答：对象属性的使用是为了设置该对象应用时所具有的特征,而事件的使用是为了表述用户及系统对该对象发出某操作动作(如鼠标单击)时其响应的事件代码即操作是什么。

5. 利用对象对数据库进行管理的操作时,应注意哪些事项？

答：数据库需事先建立;先启动后应用;内存中正在使用不得删除及移动等。

6. 如何在窗体上运行 VBA 代码？

答：通过触发窗体中某对象的相关事件。

7. 为什么要声明变量？未经声明而直接使用的变量是什么类型？

答：为提高内存的使用效率而声明变量。未声明变量的数据类型为"变体型"。

8. 什么是模块？模块分为几类？

答：所谓模块是指将 Visual Basic 声明和过程作为一个单元进行存储的集合。通常模块被分为两类,即"类模块"和"标准模块"。

9. 简述 VBA 的过程。

答：过程是由 Microsoft Visual Basic 代码组成的单元。它包含一系列执行操作或计算值的语句和方法。

过程分为两种类型：Sub 过程和 Function 过程。

Sub 过程执行一项操作或一系列操作,但是不返回值。可以自行创建 Sub 过程,也可以使用 Microsoft Access 所创建的事件过程模板。

Function 过程(通常只称为函数)将返回一个值,例如计算结果。Microsoft Visual Basic 包含许多内置函数,例如,Now 函数可返回当前的日期与时间。除了这些内置函数外,也可以自行创建自定义函数。因为函数有返回值,所以可以在表达式中使用。

10. Sub 过程和 Function 过程有什么不同？调用的方法有什么区别？

答：主要不同点为 Function 过程中必须表述函数的返回值,即需对函数名赋值,而

Sub 过程则无须这样。

Sub 过程的调用要用调用语句实施,其格式如下:

CALL 过程名 (实参表)

或

过程名 实参表

Function 过程通常是作为操作数在表达式中调用,其格式如下:

函数名 (实参表)

11. 什么是形参? 什么是实参?

答:形参是指过程定义时所表述的形式变量。

实参是指调用过程时,向过程形参所传递的表达式。

12. Public、Private 和 Static 各有什么作用?

答:三者的共同点为声明程序体中变量的作用域即有效范围。

Public:声明变量的作用域为应用程序中的所有模块。

Private:声明变量的作用域为本模块。

Static:声明变量为静态变量,即这些变量在程序运行过程中可保持变量的值,也就是说每次调用过程时,静态变量会保持原来的值。

13. 在窗体 1 通用声明部分声明的变量,可否在窗体 2 中的过程被访问?

答:若采用 Public 声明,则可在窗体 2 中的过程被访问,否则不可。

四、程序设计题

1. 利用 IF 语句求 3 个数 x、y、z 中的最大数,并将其放入 MAX 变量中。

```
Private Sub Command5_Click()
    x= InputBox("请输入第一个数 x 的值", "请输入需比较的数")
    max= x
    y= InputBox("请输入第二个数 y 的值", "请输入需比较的数")
    If y>max Then max= y
    z= InputBox("请输入第三个数 z 的值", "请输入需比较的数")
    If z>max Then max= z
    Me.Text1.Value= Str(x) & "," & Str(y) & "," & Str(z)
    Me.Text3.Value= max
End Sub
```

2. 编写求解一元二次方程根的程序代码。

```
Private Sub Command5_Click()
    Dim a%, b%, c%
    Dim x1 As Single, x2 As Single, p As Single
    a= InputBox("请输入二次项系数的值",
            "输入一元二次方程各系数,注意:只可为整数")
```

```
b= InputBox("请输入一次项系数的值",
            "输入一元二次方程各系数,注意:只可为整数")
c= InputBox("请输入常数项的值",
            "输入一元二次方程各系数,注意:只可为整数")
p=b^2- 4 * a * c
Select Case p
    Case Is< 0 '无实根
        Me.Text1.Value="无实根"
        Me.Text3.Value="无实根"
    Case Is= 0 '有相同的两个实根
        If a= 0 Then
            Me.Text1.Value=-c/b
            Me.Text3.Value=Me.Text1.Value
        Else
            Me.Text1.Value=-b/(2 * a)
            Me.Text3.Value=Me.Text1.Value
        End If
    Case Is> 0 '有不同的两个实根
        If a= 0 Then
            Me.Text1.Value=-c/b
            Me.Text3.Value=Me.Text1.Value
        Else
            Me.Text1.Value= (-b+ Sqr(p))/(2 * a)
            Me.Text3.Value= (-b- Sqr(p))/(2 * a)
        End If
    End Select
End Sub
```

3. 使用 Select Case 结构将一年中的 12 个月份分成 4 个季节输出。

```
Private Sub Form_Load()
    Me.Text1.Value=""
End Sub
Private Sub Command5_Click()
    Me.Text1.Value=""
    m%= InputBox("请输入欲判断季节的月份的值", "注意:只可为 1~12 之间的整数")
    Select Case m
        Case 2 To 4            ' 春季
            Me.Label2.Caption=Trim(Str(m)) & "月份的季节为"
            Me.Text1.Value="春季"
        Case 5 To 7            '夏季
            Me.Label2.Caption=Trim(Str(m)) & "月份的季节为"
            Me.Text1.Value="夏季"
        Case 8 To 10           '秋季
            Me.Label2.Caption=Trim(Str(m)) & "月份的季节为"
```

```
                Me.Text1.Value="秋季"
            Case 11 To 12, 1          冬季
                Me.Label2.Caption=Trim(Str(m)) & "月份的季节为"
                Me.Text1.Value="冬季"
            Case Else '无效的月份
                Me.Text1.Value="输入的是无效的月份"
        End Select
    End Sub
```

4. 求 100 以内的素数。

```
    Private Sub Command5_Click()
        Dim m As String
        Me.Text1.Value=""
        m="2"
        For i%=3 To 99 Step 2
            For j%=2 To i-1
                Lx%=i Mod j
                If Lx=0 Then
                        Exit For
                End If
            Next
            If j>i-1 Then
                m=m+","+Trim(Str(i))
            End If
        Next
        Me.Text1.Value=m
    End Sub
```

5. 编写实现学生登记的程序,要求如下:

(1) 使用"用户自定义数据类型"声明一个"学生"变量,其中包括学生的"学号"、"姓名"、"性别"、"出生年月"和"入学成绩"。

(2) 输入 5 个学生的情况,求全体学生"入学成绩"的平均值,并输出每个学生的"学号"和"入学成绩"以及全体学生的平均成绩。

```
Option Compare Database
    Private Type stu
    xh As String
    xm As String
    xb As String
    csny As Date
    rxcj As Integer
    End Type
Private Sub Command5_Click()
    Dim 学生 As stu, tv As String '定义学生变量及保存向文本框 1 中添入值的中间变量 tv
```

```
    s%=0
    tv=""
    For i%=1 To 5
        With 学生
            .xh=InputBox("请输入第"+Str(i)+"名学生的学号", "", , 1024, 80)
            .xm=InputBox("请输入第" & Str(i) & "名学生的姓名", "", , 2024, 80)
            .xb=InputBox("请输入第" & Str(i) & "名学生的性别", "", , 3024, 80)
            .csny=InputBox("请输入第" & Str(i) & "名学生的出生年月", "", , 4024, 80)
            .rxcj=InputBox("请输入第" & Str(i) & "名学生的入学成绩", "", , 5024, 80)
        End With
        tv=tv+"第" & LTrim(Str(i)) & "名：" +
        Trim(学生.xh) & Space(1) & Trim(Str(学生.rxcj))+";"
        s=s+学生.rxcj
    Next
    s=s/5
    Me.Text1.Value=tv
    Me.Text2.Value=Trim(Str(s))
End Sub
Private Sub Form_Load()
    Me.Text1.Value=""
    Me.Text2.Value=""
End Sub
```

习题 9 答案

一、填空题

1. Connection   2. Eof   3. CurrentProject   4. 逐过程   5. Resume Next

二、操作题

1. 编写程序,使用 ADO 向教学管理数据库的学生课程信息表中插入一条记录,要求：课程号为 160,课程名称为"Access 数据库程序设计",课程类别为"选修课",学时为 36。

```
Private Sub AddLesson()
    dim rs as New ADODB.Recordset
    rs.Open "select * from 学生课程信息表", CurrentProject.Connection, 1, 3
    rs.AddNew
    rs("课程号")="160"
    rs("课程名称")="Access 数据库程序设计"
    rs("课程类别")="选修课"
    rs("学时")=36
    rs.Update
```

```
        rs.Close
        Set rs=Nothing
    End Sub
```

2. 编写程序,使用 ADO 查找教学管理数据库的学生基本信息表中所有姓王的同学,
并且输出他们的姓名。

```
    Private Sub AddLesson()
        dim rs as New ADODB.Recordset
        dim s as String
        rs.Open "select * from 学生基本信息表 where 姓名 like '王%'",
        CurrentProject.Connection, 1, 1
            Do While Not rs.Eof
                s=rs("姓名") & ";"
                rs.MoveNext
            Loop
            rs.Close
            Set rs=Nothing
            Msgbox s
    End Sub
```

习题 10 答案

1. 图书实体和读者实体。它们之间的联系为"借阅"。"图书"的属性:图书编号、分
类号、书号、作者、出版社、定价、库存量、出版日期、内容关键字、入库时间。"读者"的属
性:借书证号、姓名、单位、借书数量。"借阅"的属性:图书编号、借书证号、借书日期、还
书日期。由此可参照课本画出图书管理系统的 E-R 图。图略。

2. 主键是记录的唯一标识,可以是一个字段,也可以是几个字段的组合。在数据表
的设计视图中选中要设置主键的一个字段所在的行,或者几个字段所有的行,这时整行为
黑色选中状态,再单击菜单栏中的"编辑"菜单后选中"主键"后单击,完成设置。

3. 单击命令按钮 Command1,关闭当前窗体,打开"学生基本信息管理"窗体。

"清空"命令按钮单击事件代码如下:

```
Private Sub Clear_Click()
Text0.SetFocus
Text0.Text=""
Text2.SetFocus
Text2.Text=""
Text4.SetFocus
Text4.Text=""
Text6.SetFocus
Text6.Text=""
Text8.SetFocus
```

```
Text8.Text=""
Text10.SetFocus
Text10.Text=""
Text12.SetFocus
Text12.Text=""
Text14.SetFocus
Text14.Text=""
Text16.SetFocus
Text16.Text=""
OLEBound18. SetFocus
OLEBound18. ControlSource=""
End Sub
```

4. 先建立查询,从"学生课程信息表"、"学生成绩表"和"学生基本信息表"3 个表中查询学号、姓名、系别、课程号、课程名称、课程类别、学时和成绩字段。SQL 查询语句如下:

SELECT 学生基本信息表.学号, 姓名, 系别, 学生课程信息表.课程号, 课程名称, 课程类别, 学时, 成绩 FROM 学生课程信息表 INNER JOIN (学生基本信息表 INNER JOIN 学生成绩表 ON 学生基本信息表.学号=学生成绩表.学号) ON 学生课程信息表.课程号=学生成绩表.课程号;

参考报表章节内容,使用设计器可以创建"学生成绩"报表。

5. 使用 RecordSet 对象的 AddNew 方法实现。

```
Private Sub Choose_Lesson_Click()
Dim cn As ADODB.Connection
Dim rs as New ADODB.Recordset
Dim string0 As String
Dim string1 As String
Set cn=CurrentProject.Connection
课程号.SetFocus
string0=Trim(课程号.Text)
Text21.SetFocus
string1=Trim(Text21.Text)
    rs.Open "select * from 学生成绩表", cn
    rs.AddNew
    rs("课程号")=string0
    rs("学号")=string1
    rs.Update
    rs.Close
    Set rs=Nothing
End Sub
```